嵌入式复合纺纱技术

徐卫林　陈军　著

中国纺织出版社

内 容 提 要

　　嵌入式复合纺纱技术在国际上首次提出了"嵌入式系统定位"纺纱理论,研制了"嵌入式系统定位新型纺纱技术"。该技术是我国拥有自主知识产权的新型纺纱技术,不仅可应用于棉麻毛丝纺纱领域,实现高档轻薄面料的超高支纱线的纺制,而且可使传统纺纱难以利用的原料可纺,具有资源优化利用及充分利用、缩短加工流程、降低能源消耗及原料消耗等方面的优点。本书主要对嵌入式复合纺纱技术的纺纱原理进行详细的阐述与分析,介绍普适性细纱机的改造方案以及各种不同原料及纱支纱线的开发等。"嵌入式复合纺纱技术及其产业化"获得 2009 年国家科技进步一等奖。

图书在版编目(CIP)数据

　　嵌入式复合纺纱技术/徐卫林,陈军著.—北京 :中国纺织出版社, 2012.7
　　ISBN 978 – 7 – 5064 – 8661 – 3

　　Ⅰ.①嵌…　Ⅱ.①徐…②陈…　Ⅲ.①纺纱工艺　Ⅳ.①TS104.2

　　中国版本图书馆 CIP 数据核字(2012)第 103466 号

策划编辑:李秀英　唐小兰　　责任编辑:陈静杰　杨　旭
责任校对:王花妮　　责任设计:何　建　　责任印制:刘　强

中国纺织出版社出版发行
地址:北京东直门南大街 6 号　邮政编码:100027
邮购电话:010 – 64168110　传真:010 – 64168231
http://www.c-textilep.com
E-mail:faxing @ c-textilep.com
北京通天印刷有限责任公司印刷　各地新华书店经销
2012 年 7 月第 1 版第 1 次印制
开本:710×1000　1/16　印张:12.5
字数:207 千字　定价:39.80 元

前　言

　　纺纱是纺织工序中非常重要的加工环节,纱线质量的好坏直接影响后续加工以及产品的质量,所以新型纺纱技术是纺织企业一直比较关注的领域。嵌入式复合纺纱技术是武汉纺织大学及山东如意集团共同发明的纺纱技术,该技术在某些难纺纤维的纺纱、轻薄面料的高支伴纺纱纱以及多花色品种的纺纱方面有比较强的优势。本书主要对嵌入式复合纺纱技术的纺纱原理进行详细的阐述与分析,介绍普适性细纱机的改造方案以及各种不同原料及纱支纱线的开发等。

　　其中第 1 章是在作者已发表论文的基础上,分析环锭纺纱的原料要求、成纱原理,工艺缺陷及其发展趋势等;第 2 章介绍了各种可适用于嵌入式复合纺纱技术的短纤维原料和长丝原料的性能特点;第 3 章对嵌入式复合纺纱技术的原理进行详细的分析,并进行了一些简单的理论分析,为装备的研制打下了基础;第 4 章介绍普适性嵌入式复合纺纱细纱机的改造方案和实施措施;第 5 章介绍影响嵌入式复合纺纱技术的各种参数的研究,为产品开发和稳定生产打下了基础;第 6 章主要介绍不同产品开发的案例,纤维原料的使用,包括各种难纺纤维的纺纱以及超高支纱的生产技术等。

　　值得说明的是,本书的大量工作是在众多研究人员共同努力的基础上完成的,在理论和实验研究阶段,得到了博士研究生夏治刚、王洪山,硕士研究生王玲芳、徐巧林、柯琦的大力支持;在产业化的研究方面得到了诸多知名企业的大力支持,特别是山东如意集团、际华三五四二纺织有限公司、湖北天化麻业股份有限公司、湖北妙虎纺织有限责任公司、湖北精华麻业有限公司、湖北锦绣纺织有限公司、武汉江南集团等单位的大力支持,他们提供了大量的一线研究数据并一同进行了大量的技术攻关,没有他们的工作和支持,就没有此书的完成。武汉纺织大学与相关知名企业的合作也取得了一定的成果;武汉纺织大学与湖北天化麻业股份有限公司合作开发的项目《嵌入式麻棉高支高品质产品开发及其产业化》获 2010 年中国纺织工业协会科学技术进步奖二等奖;际华三五四二纺织有限公司与武汉纺织大学及武汉职业技术学院合作开发的项目《汉麻等短纤维类嵌入纺纱技术研究》获 2010 年中国纺织工业协会科学技术进步奖三等奖;武汉纺织大学与湖北妙虎纺织有限责任公司合作开发的项目《高强低伸特种复合缝纫线纺制技术及其产业化》获得2011年中国纺织工业协会科学技术进步奖三等奖。这些成果有益于企业人才创新意识的培养,企业的新技术、新产品的开发,企业经济效益的提高。

　　新技术的开发和应用永无止境,虽然嵌入式复合纺纱技术在某些方面有一些优势,但是继续挖掘它的优点,形成更广泛的应用,还需要我们与企业共同继续努力,相信有兴趣致力于新型纱线开发和生产的厂家在本书的基础上会有更好的突破。由于时间仓促,实验范围还比较有限,书中可能存在一些问题,也恳请读者谅解。

作者
2011 年 11 月

目　录

第1章 环锭纺纱成纱特点及其发展

环锭纺纱因其成纱质量好而深受纺织企业的欢迎,虽然各种新型非环锭纺纱的纺纱技术不断出现,但是环锭纺纱在市场上仍占有90%以上的份额,实际上环锭纺纱也存在许多方面的问题和瓶颈需要突破,如管纱小卷装的问题以及加捻效率低的问题等,关于这方面的研究内容我们曾以文章"高效短流程嵌入式复合纺纱技术原理解析"发表在《纺织学报》2010年第6期上,下面就环锭纺纱的一些原理进行阐述和分析。

1.1 传统环锭纺成纱特点及其局限性

纺纱工序是整个纺织工业的基础和关键环节,纺纱环节所生产纱线的质量直接决定纱线的后续加工,如织造效率以及布面效果等。迄今为止,大部分短纤维纱线的纺制都是通过环锭纺技术来实现[1],这主要是因为环锭纺纱技术经过不断研究改进,纺纱效率和成纱水平已相当高,锭速可达到15000～25000r/min,且原料适应性强,成纱结构紧密,强力较高[2]。特别是以传统环锭纺纱技术为基础,一些新型纺纱方法应运而生,如紧密纺技术、赛络纺技术、赛络菲尔纺以及缆型纺技术等。紧密纺纱线在纤维排列上优于普通环锭纺纱线,因此紧密纺纱线强力更高、条干更加均匀[3]。赛络纺和缆型纺所纺纱线耐磨性较好,与传统股线相比,毛羽较少,而且有单一捻度方向[4]。因此,开发新型纺纱方法对于提高纱线质量、优化和升级纱线产品有很大推动作用。

但是许多纺纱技术是在传统环锭纺纱的基础上发展起来的,环锭纺对原料有一些特定要求,下面先就这方面进行分析和介绍。

环锭纺纱是一种将加捻和卷绕同时进行的纺纱方法。如图1.1.1所示,纺纱过程中纱锭带动纱管回转,使得具有张力的纱条拖动钢丝圈沿

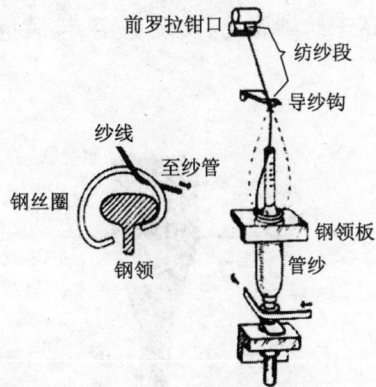

图1.1.1 环锭纺纱的细纱加捻过程[5]

钢领回转产生捻回,然后加捻纱线通过扭转克服导纱钩阻碍,自下而上地将捻回传递到纺纱段。

1.1.1 环锭纺纱无法摆脱对所纺纤维强度和根数的需求和依赖

捻度能够使得外层纤维对内层纤维产生横向抱合力以夹紧纤维,致使纤维须条成纱[6]。在环锭纺纱过程中,导纱钩在纱线捻度传递过程中起到"捻陷"作用[7],阻止了一部分捻回从气圈段向纺纱段的传递,Wegener 和 Landwehrkamp[8]研究发现,气圈控制器会使得捻度传递损失 20%,导纱钩使得捻度在此损失后的基础上再次损失19%。因此纺纱段的捻回相对较少,纱线结构相对不够密实,特别是在位于纺纱前钳口下端的纺纱三角区,纤维须条上的捻度相对更少,如图 1.1.2 示。

在环锭纺纱过程中,纺纱张力对成纱强力起着决定性的作用。所纺纱线任何一段的强力只要低于纺纱张力,纱线就会断裂,导致纺纱断头而影响纺纱的连续进行[9]。从理论上而言,纺纱三角区成为纺纱过程中最薄弱的环节,该部位纤维须条纺纱强力大小直接影响环锭纺纱断头率以及纤维纺纱连续性。只要该部位须条横截面内纤维强度不够高、根数不够多,就会出现纺纱断头,如图 1.1.3 所示。为了纤维须条在环锭细纱机上能进行正常连续地纺纱,一般通过两个途径来实现:一是通过纺纱工艺调整,尽量降低纺纱张力;二是通过合理选配纤维,使得细纱工序须条所包含的纤维具有足够的纺纱品质,以提高纺纱过程中纱线强力。环锭加捻和卷绕同时进行,环锭纺纱过程中纺纱张力不可能消除,且不可以消除,因为纺纱张力是环锭纺纱过程中成纱三角区须条纤维内外转移以达到成纱目的的主要因素[10]。因此,在最佳环锭纺纱张力下,保证纤维纺纱连续稳定的进行只有依靠合理选用纤维原料,使得环锭纺纱三角区纤维须条截面内纤维强度和根数足够,以满足纺纱过程中纱条任何一处强力高于纺纱张力,实现稳定、连续成纱。

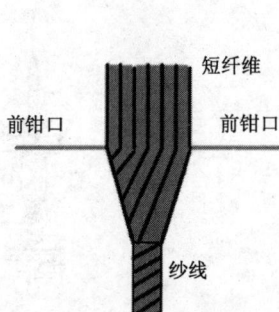

图 1.1.2 传统环锭纺加捻三角区

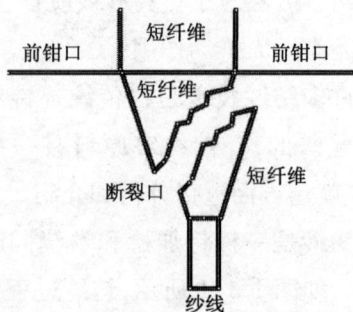

图 1.1.3 传统环锭纺细纱断头

一般情况下,同种纤维须条截面内纤维所含纤维根数越少,成纱三角区部位纤维须条强力越低。当前钳口须条所包含纤维量降到一定根数时,就会出现纺纱强力太低而不能成纱,这也是环锭细纱机上很难开发超高支纱线的根本原因。因此可纺纱线最高支数一直是工厂纺纱水平的体现。传统环锭细纱机上开发高支纱线,一般是采用增强长丝伴纺短纤维的办法,且短纤维原料采用高品质纤维原料(如拉细羊毛、超细羊毛、超细羊绒等),同时降低纺纱速度以降低纺纱张力。即使如此,所纺纱线支数也很有限,主要因为纱条截面内短纤维根数下降导致短纤维与短纤维以及短纤维与长丝之间抱合力下降,短纤维须条不能与长丝良好地捻成一体而成纱,因此在传统环锭细纱机上只要须条截面内短纤维根数较少,须条纺纱和成纱性能就会下降,甚至不能成纱。由此看出,传统环锭纺纱一直没有突破对纤维原料的束缚,特别是对纺纱所需纤维强度和纤维根数的依赖。

1.1.2　纱条截面纤维根数既是环锭连续纺纱的需要又是成纱质量的需要

如上所述,纱条截面内足够纤维根数不仅仅是满足环锭纺纱过程纱条有足够强力和成纱抱合力的需要,且是生产具有一定环锭纱线质量的需要。首先须条在牵伸过程中,牵伸倍数越大,附加不匀越大,前钳口输出须条加捻所成纱条不匀率增大;当输出纱条截面根数低到一定程度,质量不匀会急剧恶化。其次,纱条截面纤维根数越低,纤维之间抱合力越低,纤维不容易良好地捻入纱体,所以纱线越细,长毛羽相对越多,纱线外观越差。再次,纱条截面纤维根数越少,纱线强度和耐磨性越差,给纱线后续加工带来沉重负担。

1.1.3　纤维长度既是环锭成纱的必要条件又是致命约束

足够的纤维长度是环锭成纱过程中纤维转移和形成纱线强力的需要。加捻和纱体中纤维位置改变是致使所纺纱线具有强力和纱体内部纤维抱合的两个必要条件[6]。Peirce[11]称"纱体中纤维位置变化"为纤维位置交换,Morton[12]称之为纤维内外转移。正是纺纱时纤维发生内外转移,使得须条全部纤维中部分被夹紧,是纺纱时纱线产生强力的必要机理[13],一般情况下纱体内纤维转移越少,纱线强力就越低。实际上自由端纱线(OE纱)与环锭纱线相比强力较低就是纱体内纤维转移有限所致[14],纤维转移只相当典型环锭纱线的六分之一左右[12]。环锭纱体中纤维转移量与OE纱相比较大是因为在环锭加捻过程中,纤维须条一端被前钳口握持,能够实现有效加捻和良好的纤维内外转移。环锭纱线中纤维内外转移的经典轨迹如图1.1.4

所示。

首先对理想纱线结构中半个捻回内纤维几何路径进行理论分析,如图1.1.5(a)所示。在图1.1.5(a)中,θ为纤维与纱线中轴线夹角,r为纱体中纤维与纱线中轴线之间的距离,h为一个捻回高度。沿一均匀纱线对半个捻回部分的纤维进行几何分析可得:一个完整捻度内的纤维长度$L = h/\cos\theta$,其中$\theta = \arctan(2\pi r/h)$。这是理论纱线结构,实际环锭纺纱过程中,从前钳口输出的纤维须条呈扁平带状,故而纤维须条受到张力和几何机理共同作用[16-18],不仅沿纱线轴向进行扭转,而且在纱线径向发生内外转移。相关文献[12]表明纤维内外转移一次一般需要3~4个捻回,通常情况下一个完整的纤维内外转移所占据纱线长度为5~7mm。但实际纱体中纤维一般要内外

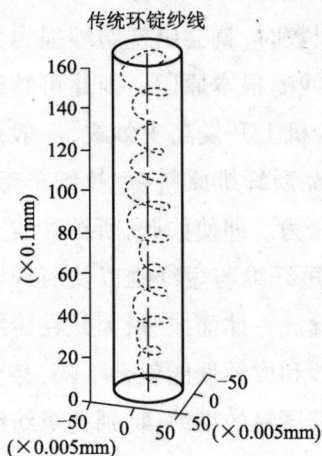

图1.1.4 传统环锭纱线中
纤维经典转移轨迹[15]

转移许多次,因此纺纱所需纤维长度更长。如图1.1.5(b)所示,Morton[12]引进示踪纤维法对短纤纱内纤维转移进行了相关实验,结果表明15~20mm的纤维在纱体中有明显内外转移,但长度纤维等于或小于10mm时,在实验所用纱线中完全没有内外转移。由此可以看出纺纱时纤维须条受到加捻而发生纤维内外转移与纤维的长度密切相关,足够的纤维长度是环锭纺纱中扁平带状须条加捻成纱的必要条件。

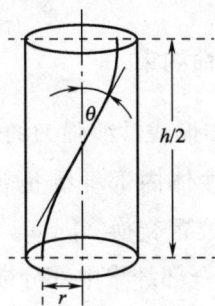

(a) 半个捻回内纤维理论几何路径　　　(b) 纱体内示踪纤维的转移

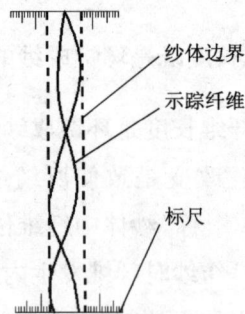

图1.1.5 纱体中的纤维转移

短纤维在纺纱牵伸区不易被控制,形成运动不规则的浮游纤维,导致纱线条干不

匀增大,影响成纱的强度;且成纱中短纤维长度小于或等于2倍滑脱长度时,纤维不能被握持,大大降低纱线拉伸断裂强度[19]。环锭纺纱中纤维长度与须条纺纱以及成纱性能密切相关,纤维须条中含长度较短纤维(如15~20mm棉纤维)越多,纺纱性能和成纱品质越差,甚至由于缺乏必需的纤维转移而不能进行纺纱。因此,纤维过短是制约环锭纺纱质量和纤维可纺性能的关键因素;纤维长度对传统环锭纺系统致命约束充分体现在羽绒、毛绒、麻绒以及过短落棉等纤维不可传统环锭纺纱。

1.1.4 环锭纺纱要求纤维具有适当的初始模量和细度

纤维的初始模量对纤维的内外转移有非常大的影响,相对初始模量越高,纤维在纱线方向的转移周期越大,在纱线横截面方向的纤维转移幅度越小[20],即纤维的模量越大,纤维的内外转移作用越差。这也是混纺纱线中模量大的纤维易于位于纱线里层的原因[21],但是当纤维的初始模量过大时,纤维刚度较高,纤维不易弯曲,纤维的内外转移较差。因此,一般的苎麻纤维内外转移较差,纺纱性能较差,成纱毛羽较多,当纤维过粗、初始模量过大,如一些动物毛发等纤维,就会无法实现在环锭细纱机上纺纱。这从另一方面也说明了纤维越细,刚度越小,模量越小,纤维须条越容易被加捻,内外转移越好,纺纱性能越好。另外,纤维越细,如超细羊毛,纺同支数纱线截面的纤维数越多,纤维之间的抱合性越好[22],纱线强力越高。

1.1.5 限制环锭纺纱的其他因素

短纤维转变成纱线过程中,不仅受到纤维长度、细度、纤维数量等影响,而且还受到纤维几何结构、表面性能等因素影响。纤维几何结构包括三方面,即长度方向结构、径向截面结构和表面结构形态[23]。纤维长度方向结构如图1.1.6所示,按照纤维弯曲形态结构分为笔直、弱卷曲、卷曲。一般情况下,纺纱纤维卷曲形态优良,纤维纺纱性能越好,成纱质量越高。兔毛纤维环锭成纱抱合差、飞毛和落毛严重主要原因就是兔毛纤维毛杆笔直、无卷曲、鳞片张角小、表面光滑,摩擦系数小等因素所致[24]。纤维径向截面几何结构是指纤维截面几何形态,一般化学短纤维截面为圆形,差别化纤维截面可以有叶状、锯齿状等,天然纤维中棉截面形态为腰圆形。纤维表面结构形态表现在纤维表面粗糙程度,与纤维表面有无鳞片、鳞片大小、孔洞大小等因素密切相关。

纤维表面结构形态和截面形态关系到纺纱过程中纤维之间摩擦系数,对纤维的可纺性有很大影响。一般情况纤维摩擦系数过小,就会很难成纱,因此常采用对纤维

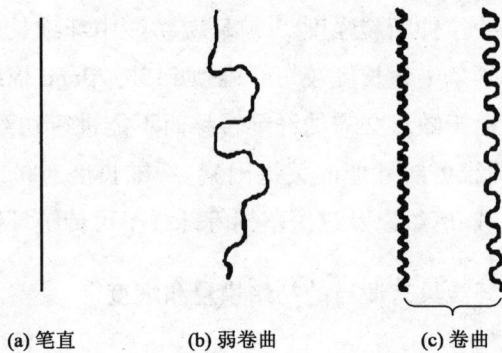

(a) 笔直   (b) 弱卷曲   (c) 卷曲

图 1.1.6　纤维沿长度方向几何结构示意图

进行和毛加油以提高纺纱过程中纤维之间抱合力、降低静电作用。由此看出,纤维具有一定卷曲和表面摩擦性能,是环锭成纱中短纤维之间必须产生足够成纱抱合力的需要,这是传统环锭成纱原理所固有的最基本要求。

总之,正是上述原因,限制了环锭纺所能加工的纤维品种以及所生产纱线的极限支数,导致传统环锭纺纱技术无法充分利用纤维原料,对一些纤维,如一些短绒、羽绒、落毛、落棉、木棉等纤维很难进行纺纱加工。并且,环锭纺纱过程中,处于扁带状纤维须条外围的纤维将会因不能很好地捻入纱体而形成毛羽,特别对于刚度较大、转移较困难的纤维,如苎麻纤维、纱线毛羽问题更加严重,使得纤维利用率以及产品档次下降。

除了上述问题以外,从成纱的特点来看,环锭纺纱主要以短纤维为主要原料,品种较为单一,虽然有长丝复合纱的开发和生产,品种还是受到较大的局限,为了实现消费者对不同花色品种需求的发展,许多生产企业应用花式线成纱设备进行多花色品种纱线的生产,也有的在环锭纱的基础上进行二次开发,但普遍生产效率比较低,如何在环锭细纱机上实现多花色品种纱线的生产也具有非常大的意义。

加捻和卷绕同时进行是环锭纺纱的最大特点,捻度是环锭纺纱成纱的必要条件,对于提高纱线的强度和减少纱线的毛羽非常重要,但是捻度所形成的残余扭矩对后续生产带来了诸多麻烦,如导致针织纱中辫子纱或扭结、针织产品的纬斜等。为了克服这些问题,在织造前需要对纱线进行蒸纱处理或者对最终的面料进行扩幅热定型,也有研究人员为此进行平行纺纱或者低扭矩纱线生产技术的研究。

环锭纱的毛羽也是一个非常显著的问题。后续的纱线需要经过浆纱或者烧毛处理,或者最终的产品需要经过烧毛处理,适当加大捻度可以降低毛羽,但是这降低了纱线的生产效率以及加大了纱线的残余扭矩,环锭纱中的短纤维理论上有多次的内外转移,在纱线内部的纤维接受外部纤维的压力构成纱线的抱合力和摩擦力,在纱线外层的纤维形成拉力加强纱线对内的凝聚力或者是压力,这样就形成了一个非常紧密的纱线体系,但实际纱线中短纤维有很多显露在纱线的表面从而形成各种形态的毛羽,适量的短毛羽可以改善织物面料的风格,但是更多的毛羽降低了纤维材料的使用效率和提高了面料的成本,特别是对那些昂贵的纤维(如羊绒等)更是弊大于利。

环锭纺纱的流程太长,不符合现代产业的高度集成、高效率、短流程、节能降耗的要求,从短纤维的混合、梳棉(毛)、成条、粗纱到后面的细纱等,每个环节都非常重要,否则容易产生疵点以及条干不匀等,因为环锭纺对纤维整齐度要求很高,否则纱线毛羽以及落棉(毛)非常多,由于长丝纤维有非常多的优势,所以很多产品中大量使用长丝,如果将长丝纤维的某些优势引入到环锭纺中,可以缩短纺纱流程或者降低加工的能耗。

在长丝纤维使用越来越多的今天,如何让环锭纺纱方法适应这些新纤维材料的发展已经显得非常重要,新纤维层出不穷性能优良,传统的环锭纺技术已凸显众多局限,开发能够将长丝及短纤维一起进行复合纺纱的新型纺纱技术及其装备有极大的实际应用意义。

1.2　基于环锭纺发展的新型纺纱技术及其不足

由于毛纤维的化学性能特点及其外在的形态结构特点,导致许多新的纺纱技术革新从毛纺开始,赛络纺纱就是其中一个例子。

目前环锭纺使用的所有天然短纤维中,使用量最大的是棉纤维,因为棉纤维相对价格便宜而且性能优良,天然短纤维中价格较为昂贵的是蛋白质纤维,蛋白质纤维由于其内在的大分子结构和化学结构的特点,在后续织造中不能像棉纱一样进行上浆处理,所以毛纤维纺纱方式与棉纤维相比有许多的不同。

毛纺工厂在先进纺纱技术的研究和设备的改造方面相对棉纺而言有更便利的条件,主要体现在毛纺的纺纱速度比棉纺的低,棉纺纺纱速度目前有的已经达到了15000~25000r/min,而毛纺纺纱速度一般在7000~9000r/min,这有利于新型纺纱的质量稳定、生产操作和接头;其次毛纺细纱机的锭间距要比棉纺细纱机的大,锭间距大有利于设备的改造和原料的放置,毛纺细纱机的结构高大,这都有利于原料的摆放和设备的改造。

更重要的是,毛纺对高品质纺纱有更迫切的需求,因为毛纤维比较粗,如何降低纱线截面中纤维的根数从而实现高支轻薄毛纺面料的生产技术,一直以来是毛纺行业最高技术实力的象征。为了实现超高支纱的轻薄面料生产技术,水溶性维纶载体纺纱的技术也应运而生;同时,毛纤维比较粗,刚度比较大,所以纺纱过程中纤维在三角区中内外转移较为困难,纱线的毛羽严重,纱线的强度也较低。

与毛羽相关的一个重要问题就是纱线的织造,由于毛纤维是蛋白质材料,常采用色纺的方法生产,因为退浆过程一般会使用具有碱性的化学助剂,这对于纱线的颜色以及纱线的强度都有损伤,所以后续织造中无法采用上浆来改善纱线的强度和伏贴纱线的毛羽;一般而言单根毛纱的强力远低于同支数的棉纱强度,为了改善这方面的问题,毛纱常采用股线进行织造,单经单纬织造技术和相配套的纺纱技术等也是毛纺领域的重点攻关技术之一。

为了改善上面一系列问题,澳大利亚羊毛研究所开发的赛络纺技术也得到了广泛的应用。该技术原理非常简单,但在思维上是一个重大突破,简单说就是将成纱之后的并线和捻线工序进行前移,移到了细纱加工的过程中。下面就赛络纺技术进行简单的介绍。

1.2.1 赛络纺纺纱技术的特点

赛络纺是在细纱机的后罗拉粗纱喂入处喂入两根保持一定间距的粗纱,经分别牵伸后由前罗拉输出,在钢领上转动的钢丝圈对合股的须条进行加捻,同时由于捻度的传递而使单纱须条也带有少量同捻向的捻度,但主要的捻度还是分布在合股的纱线上,由于两根单纱须条上微弱捻度的方向与合股的成纱捻度方向相同,这与常规两根单纱并线加捻的捻向不同有本质区别,所以合股的纱线有类似股线的结构,但是股线结构并不明显,纱线的相互缠绕使表面纤维有效地夹持束缚在纱体上,纱线具有较为明显的内紧外松结构,赛络纺的成纱最终被卷绕在筒管上。由于单个须条前钳口的三角区中纤维所受扭矩没有单根须条纺纱的强烈,所以在单个须条的三角区区域纤维内外转移并不十分充分,所以强力受纤维转移的影响很小,内外转移的纤维与纤维轴之间的倾斜角较小,也就是说纤维之间由于内外转移形成的抱合力比单根环锭纺纱的要弱,纤维受力均匀,纱线强力高;从纤维被控制的情况来看,单根须条中的纤维有少量的内外转移,但当单根纱条沿前进方向移至两根单纱合股的汇聚点时,许多自由的纤维头端会被相邻的成纱须条捕捉而进入纱条的内部,有一种单纱弱加捻后再加捻的控制过程,这使得合股成纱的毛羽大为减少;与传统单纱合股并线反向加捻相比,赛络纺纱中的两根须条是同向同步加捻,没有股线中单纱捻度与成纱捻度相反的特点,这使得整体成纱结构紧密,纱线表面纤维沿捻向排列整齐顺直,外观远较传统环锭单根纱线的圆整光滑,由于采用两根粗纱喂入,条干均匀度得到改善。

总的来说,赛络纺成纱质量较好,尤其是强度、条干和毛羽等核心指标方面都优于传统环锭纺,可以用于某些高品质纱线和面料的生产中。大量的实践证明,两根粗纱之间的距离显著影响成纱的毛羽和强度,粗纱之间的距离决定了两个须条在前钳口处的须条张力以及纤维进行适当内外转移的能力,距离过大容易引起前钳口须条的断头,也显著影响纱线的毛羽质量,赛络纺中因为毛羽被两根纱条卷在细纱内,所以在络筒工序时,相对其他纺纱技术而言毛羽增加的量不显著,在后续的生产环节如上浆、织造、烧毛工序中,有着更加优越的性能,即使是用于针织的纱线,赛络纺面料也呈现了优良的外观平整光洁的布面风格。另外,赛络纱的细节少,这对增加纱线强力也有帮助。赛络纺纱设备简单,设备投资少,容易实现对老机的改造。

1.2.2 赛络菲尔纺纺纱技术的特点

赛络菲尔纺纱技术是在赛络纺基础上发展的一种新型纺纱技术。赛络纺虽然可以显著改善纱线的毛羽和提高纱线的强度等,但毕竟都是由短纤维构成,短纤维普遍而言在力学性能方面比长丝低,所以赛络菲尔纺纱技术实际上是对长丝纤维力学性能的一种极大的发挥和利用,赛络菲尔纺纱中喂入的是两种不同特性的原料,一根粗纱经过细纱机牵伸装置形成的须条从前钳口输出,而另一根长丝纤维只经过张力装置和导纱器、不经过牵伸装置而直接从前胶辊的后侧喂入并从前钳口输出,这样短纤维须条和长丝纤维以一定的距离从前罗拉钳口输出,在加捻三角区进行加捻构成一根复合纱。由于赛络菲尔纺纱线往往是两种组分不同原料构成的复合纱,所以赛络菲尔纺纱也有时被称为双组分纺纱。

与赛络纺的发展历程一样,赛络菲尔纺纱在20世纪80~90年代研究比较多,但那时仅局限于毛型复合纱,主要用于解决毛纺的问题,后来逐步拓展到棉纺的领域,经过不同纺纱行业的改进和应用,化纤长丝的功能化、差别化、高强化的引领,赛络菲尔长丝复合纱技术在许多领域得到了广泛的应用。

长丝具有连续可加工、操作比较方便的特点,虽然赛络菲尔纺纱是从赛络纺纱发展而来的,但由于一根长丝替代了须条,赛络菲尔纺纱两组分之间可以不严格按照赛络纺的对称方式进行纺纱,同时短纤维须条的受力以及长丝的受力状态完全不同,非对称的纺纱结构可以导致加捻三角区的形态和状态发生极大的变化,同时带来很多不确定的因素。有大量实践研究了长丝与短纤须条的质量不同对纺纱质量的影响,以及长丝与短纤维须条之间距离的不同对成纱质量的影响,长丝的喂入张力对成纱结构和质量也有显著的影响。

赛络菲尔纺纱是环锭纺纱简单有效的改良技术,设备改造简单方便,工艺简单,成本低廉,该技术的成纱具有特殊的结构、性能和风格,是充分发挥短纤维纱和长丝纤维优良性能的一种技术,通过混纺可使不同的纤维互相取长补短,大大提高其服用性能。短纤维纱普遍具有优良手感和光泽以及接触舒适性,而长丝纱具有优良的力学性能以及条干。赛络菲尔纺可极大改善纱线的表观质量以及提高纱线的力学性能。目前这种纺纱方法已在国内外推广使用,其中以赛络菲尔复合毛纱生产较多,因为相对棉纤维而言,毛纤维的成纱性能更差,长丝复合纺纱可以显著改善成纱性能特点,多用于生产轻薄毛型织物,特别是在职业装的生产中得到广泛的应用,可以改善职业装的表观平整度,改善其易护理和免烫抗皱性能,甚至实现某些毛纺面料的机可洗。

采用赛络菲尔纺纱技术还可以提高某些难纺纤维的可纺性,天然纤维普遍纤维长度整齐度差,有的纤维种类长度普遍偏短、强度也不高,采用赛络菲尔纺纱可以显著改善短纤维的成纱性能,降低纱线毛羽提高纱线强度。

1.2.3 新型环锭纺纱技术的不足

几种新型环锭纺纱技术如图 1.2.1 所示。赛络纺技术如图 1.2.1（a）所示,赛络纺系统是在传统环锭纺纱机上采用双粗纱平行喂入,使得在前钳口之前形成两束对称的短纤维须条。两对称须条在纺纱过程中,先进行自行加捻,然后汇合加捻而形成纱线,该纺纱方式较传统纺纱而言,成纱强度大大提高,纱线毛羽大大降低,提高了纤维利用率和纱线条干均匀度,改善了成纱质量。但是赛络纺两股纤维须条相隔一定距离,纺纱过程中须条上的张力较大,且相隔距离越大,须条上所受张力越大,因此限制了赛络纺所纺纱线的最低细度。因此可以说,赛络纺技术只是改善成纱的质量,而对纺纱过程中的纤维须条可纺性能没有任何实质性的提高或改善。缆型纺纱与赛络纺有很大的相似之处,它是在传统细纱机上加装分束罗拉,将从前钳口输出的纤维须条分成若干束,纺纱过程各股纤维束先预加捻后汇集加捻成纱,成纱具有缆绳效果。同赛络纺技术一样,缆型纺在纺纱过程中对各纤维束也没有进行纺纱增强以提高可纺性能。

为了开发高支纱线以及提高纺纱强力,赛络菲尔纺、赛络－长丝复合纺应运而生,如图1.2.1(b)与图1.2.1(c)所示。由于长丝强力较高,纺纱过程不易断头,能够起到有效增强的作用。在赛络菲尔纺系统中,很明显长丝只对汇集点以下的纱线有增强作用,对于左侧短纤维须条没有增强。在赛络－长丝复合纺纱方法中长丝能够一定程度上分担左右两须条上的纺纱张力,但没有起到增强和保护两纤维须条的作用,仅仅增强了成纱的强度。采用这些新型纺纱技术纺高支纱的极限受到限制,每个小的三角区都必须有足够的纤维根数,否则三角区就会断裂而不能稳定纺纱;对于难纺纤维的纺纱也没有太多的改善,对纤维的长度和力学性能的要求等都与普通的环锭纺纱类似。

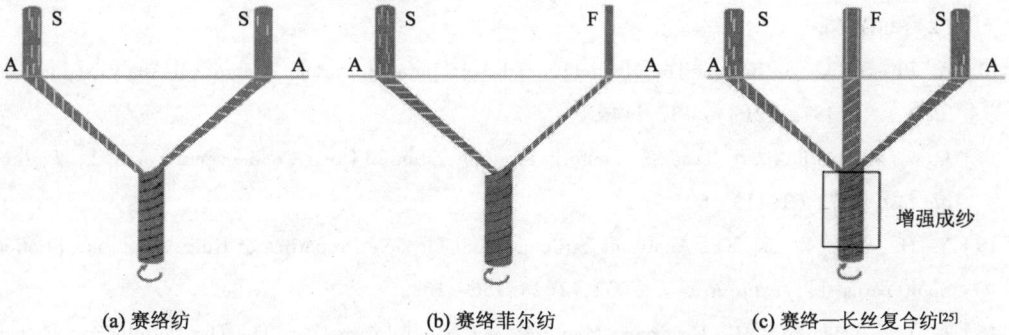

(a) 赛络纺　　　　　　　(b) 赛络菲尔纺　　　　　　(c) 赛络—长丝复合纺[25]

图1.2.1　几种新型环锭纺纱技术

A－A—前罗拉钳口线　F—长丝　S—短纤维须条

参考文献

[1] F. Happey. Contemporary Textile Engineering[M]. The Greystone Press, Antrim. New York, U. K. , 1982：80.

[2] 肖丰,尚亚力. 新型纱线与花式纱线[M]. 北京:中国纺织出版社,2008:2.
Xiao Feng, Shang Yali. New pattern yarns and fancy yarns[M]. Beijing：Textile Press of China, 2008：P2.

[3] K. P. S. C. , C. Y. . A Study of Compact Spun Yarns[J]. *Textile Res. J.* 2003,73(4)：345－349.

[4] S. S. N. , Z. A. K. , and X. G. W. . The new Solo－Siro spun process for worsted yarns[J], *J. Textile Inst.* 2006,97(3):205－210.

[5] Booth, J. E. . "Textile mathematics," vol. Ⅱ, The Textile Institute, Manchester, U. K. , 1975, pp. 333,350.

［6］ J. W. S. Hearle,B. S. Gupta,V. B. Merchant. Migration of Fibers in Yarns Part I: Characterization and Idealization of Migration Behavior[J],*Textile Res. J.* 1965,35(4): 329 – 334.

［7］ 杨锁廷. 纺纱学[M]. 北京:中国纺织出版社,2004:254.
Yang Suoting. Spinning. Beijing: Textile Press of China,2004: P254.

［8］ W. Wegener,Landwehrkamp. textile – Praxis 17,No. 12,1218 (1962).

［9］ A. P. M. ,S. S. ,K. S. S. S. ,B. S. . Estimation of Spinning Tension from the Characteristic Smallest Value of Yarn Strength[J],*J. Textile Inst.* 1997,88(1): 162 – 164.

［10］ W. E. Morton. The Arrangement of Fibres in Single Yarns[J],*Textile Res. J.* 1956,26(5): 325 – 331.

［11］ F. T. Pierce. Geometrical Principles Applicable to the Design of Functional Fabrics[J],*Textile Res. J.* 1947,17(3): 123 – 147.

［12］ W. E. Morton,K. C. Yen. The arrangement of fibres in fibro yarns[J],*J. Textile Inst.* 1952,43(2): 60 – 66.

［13］ A. El – Shiekh,S. Backer. The Mechanics of Fiber Migration Part I: Theoretical Analysis[J],*Textile Res. J.* 1972,42(3): 137 – 146.

［14］ J. W. S. Hearle,P. R. Lord,N. Senturk. Fibre Migration in Open – end – Spun Yarns[J],*J. Textile Inst.* 1972,63(11): 605 – 617.

［15］ Y. H. ,Y. R. K. ,W. O. . Analyzing Structural and Physical Properties of Ring,Rotor,snd Friction Spun Yarns[J],*Textile Res. J.* 2002,72(2):156 – 163.

［16］ J. W. S. Hearle,B. C. Goswami. Migration of Fibers in Yarns Part VI: The Correlogram Method of Analysis[J],*Textile Res. J.* 1968,38(8): 780 – 790.

［17］ J. W. S. Hearle,B. C. Goswami. Migration of Fibers in Yarns Part VII: Further Experiments on Continuous Filament Yarn[J],*Textile Res. J.* 1968,38(8): 790 – 802.

［18］ J. W. S. Hearle,B. C. Goswami. Migration of Fibers in Yarns Part VIII: Experimental Study on a 3 – Layer Structure of 19 Filaments[J],*Textile Res. J.* 1970,40(7): 598 – 607.

［19］ 于伟东,储才元. 纺织物理[M]. 上海:中国纺织大学出版社,2001:337.
Wei Dongyu, Chu Caiyuan. Textile Physics [M]. Shanghai: Textile College Press of China, 2001:P337.

［20］ B. S. Jeon,J. Y. Lee. A New Orientation Density Function of Ideally Migration Fibers to Predict Yarn Mechanical Behavior[J],*Textile Res. J.* 2000, 70(3): 210 – 216.

［21］ H. M. El – Behery,D. H. Batavia. Effect of Fiber Initial Modulus on Its Migratory Behavior in Yarns[J],*Textile Res. J.* 1971, 41(10): 812 – 820.

［22］ Saville,B. P. . "Physical Testing of Textiles," Woodhead publishing,England 1999:44.

［23］ H. L. Roder. The Evaluation of the Spinning Properties of Man – Made Staple Fibers[J], *Textile*

       Res. J. 1958,28(10):819 – 839.

[24] 赵华. 粗纺高比例兔毛纱生产工艺的研究[J]. 上海毛麻科技,2004(2):30 – 32.

       Zhao Hua. Investigation of process for high proportion rabbit hair yarn[J]. Shanghai Science and Technology of Hair and Bast,2004(2):30 – 32.

[25] Y. Matsumoto,K. Toriumi,K. Harakawa. A Study of Throstle – spun – silk/Raw – silk Core – spun Yarn PartⅢ:Yarn Appearance[J],*J. Textile Inst.* 1997,84(3):436 – 44.

第2章 环锭纺纱的纤维原料

2.1 短纤维的特点及其发展

2.1.1 天然有机高分子短纤维

大自然中能够称其为纤维的有成千上万种,但是目前能够被纺织工业广泛应用的也就是十几种,而其中以棉、毛、丝、麻使用最为广泛。天然纤维的最大特点是外观形态以及力学性能等方面的离散型很大,这给纺纱带来很多特殊的问题。由于嵌入纺的优势在于可以实现某些特种难纺纤维的纺纱,所以这里简单对常规天然纤维进行介绍,而重点介绍某些特种天然纤维。

天然纤维中使用量最大的是棉纤维,从外观形态上来讲,棉纤维最大的优点是纤维的直径很细,其缺点是纤维长度偏短。从纺纱的原理来讲,在其他条件相同时,纤维越长,其构成纱线的力学性能越好。在保证成纱具有一定力学性能的前提下,棉纤维长度越长,纺出的纱的细度就越细,纱线的毛羽越少,条干等方面的质量也越好,所以纤维主体长度成为决定棉花价值很重要的因素。从力学和化学性能上来讲,棉纤维的强度偏低,耐碱不耐酸、回潮率较高、染色性能较好。评价棉纤维的指标还有细度、成熟度、白度、整齐度、杂质与疵点等。

由于棉纤维优良的性能特点,种植棉花的区域也比较多,因此棉花种类很多,按棉花的品种可以分为细绒棉、海岛棉、粗绒棉。细绒棉又称陆地棉,在我国长江、黄河流域西北内陆区生长,纤维线密度和长度中等,一般长度为 23 ~ 35mm,受生长环境和气候的影响,线密度为 1.43 ~ 2.22dtex 左右,强力在 4.5cN 左右。一般用于纺制10 ~ 100tex 的棉纱,我国目前种植的棉花大多属于此类,在我国的产量比较高。长绒棉又称海岛棉,主要在新疆、广州等地生产,纤维细而长,一般长度在 33mm 以上,强力在 4.5cN 以上,它的品质优良,线密度在 1.54 ~ 1.18dtex(6500 ~ 8500 公支)左右,是棉纤维中优质资源,销售价格也比较高,因此主要用于纺制细于 10tex 的优等棉纱,目前,我国种植较少,除新疆长绒棉以外,进口的主要有埃及棉、苏丹棉等。近些年,知名纺织企业纷纷在新疆开辟棉田,以解决棉花价格受市场波动的影响,同时充分发挥新疆棉花的优势,生产高品质的棉织品。粗绒棉又称草棉,主要分布在印度及中国西北内陆地区,纤维粗而短,长约 15～24mm,细度为 2.5～4.0dtex,一般用于做絮填材料。

毛发类纤维是动物纤维,也是蛋白质纤维。此纤维的种类很多,一般有毛类和绒类,毛是指主体支撑的毛发,纤维较长且粗硬的那部分纤维;绒类则是指簇生的纤维,纤维普遍偏短但细而柔软的那部分纤维。毛类主要有绵羊毛、山羊毛、马海毛、兔毛等。从纺纱的角度来看,绵羊毛形态上最大的特点是够长而不够细,且细度差异大,所以细度成为决定毛纤维价格的非常重要因素,按细度来分,绵羊毛可分为超细毛(直径 < 14.9μm)、细毛(直径 18～27μm,长 < 12cm)、半细毛(直径 25～37μm,长 < 15cm)以及粗毛(直径 20～70μm),超细毛也就是极细羊毛,由于生物育种技术的发展,国际极细羊毛的细度越来越细,有的已经可以达到 13μm 以下,这些原料的纺纱工艺要求高、难度大。从力学性能上来讲,绵羊毛纤维强度偏低,弹性大,断裂伸长率高;从化学性能上来讲,毛纤维耐酸不耐碱,回潮率高,由于纤维表面油脂层的鳞片结构导致吸水性能不好。马海毛的形态与长羊毛相似,长度 12～15cm,强度高、光泽强;兔毛纤维的特点是轻而细,保暖性好,但纤维蓬松,由于纤维缺少良好的卷曲导致纤维之间的抱合力差,强度较低。

绒类主要以山羊绒和绵羊绒为主。以山羊绒为例,山羊绒是从山羊身上梳取下来的绒毛,原产于中国的西藏。山羊绒在细度方面有一定的优势,但是长度又相对不足。山羊绒绒毛纤维内部结构无髓质层,长度 30～40mm,其强伸度,弹性变形较绵羊毛好,具有轻、软、暖的优良特征。由于羊绒的优良弹性以及长度的相对不足,羊绒纺高支纱的难度较大,轻薄羊绒面料的生产难度也较大。

麻纤维种类也很多,主要以亚麻、苎麻、大麻、黄麻、罗布麻为主。麻类纤维的总体特征是细度相对偏粗,缺少卷曲,纤维模量偏高,刚度较大,纺纱毛羽多,纺高支纱难度大。亚麻的特点是相对较细,单纤维细度一般为 12～17μm,但纤维的长度不够长,为 17～25mm,从力学性能上来看,亚麻比较脆硬、刚性强、弹性低、抱合力差、纤维断裂与伸长率小,纤维可纺性较差,成纱支数也难以提高,但是亚麻吸湿透气性好,近年在家纺产品的开发中使用较多,具有很好的热湿舒适性;苎麻总体上纤维长度有一定的优势,纤维的细度不够,没有很好的天然卷曲,且苎麻单纤维支数低(1400～1800Nm),纤维粗硬,杨氏模量大,单纤维整齐度差以及长度变异系数大,很难纺制高支纱,但苎麻的优点是吸湿散湿快、凉爽透气,具有一定的抑菌抗菌性能,因其单纤维的刚度大和纤维偏粗,导致苎麻制品的毛羽多,并引起产品的刺痒感等问题。黄麻单根纤维长度最短,为1.5~5mm,细度比苎麻细,为15~18μm,黄麻纤维具有吸湿性能好、散失水分快等特点,由于纤维长度太短只能采用工艺纤维纺纱,纺中高支纱的难度非常大,目前主要用于纺制麻袋、粗麻布等。罗布麻又称野麻,它分为红麻、白麻两种,罗布麻纤维较粗短,长度一般为20~25mm,细度为17~23μm,它除了具有麻类纤维的一般特点外,还具有一定的医疗保健性能,如降血压等,近年在针织内衣产品开发方面有一定的应用。

2.1.2 特种天然有机高分子短纤维

1. 木棉纤维

木棉为木棉科木棉属的多年生植物,原产地为中国、越南、缅甸、印度及大洋洲等地,又称英雄花、攀枝花,一株成年期的木棉树可产5~8kg的木棉纤维,包括我国在内木棉纤维全球年产量约19.5万t。木棉纤维长度较短、长度整齐度差、强度低、纤维偏粗且缺少卷曲、抱合力差和缺乏弹性,难以单独纺纱,通常采用与棉、黏胶或其他纤维素纤维混纺。

木棉纤维的主要成分有纤维素、木素、半纤维素,其次是灰分等。木棉纤维纵向外观呈圆柱形,纤维截面为圆形或椭圆形,表面光滑,没有棉纤维的天然卷曲;单根纤维整体呈现中段较粗,根端钝圆,梢端较细,其两端是一个封闭空腔结构,中空度高达80%~90%,未破裂纤维呈气囊结构,破裂后纤维呈扁带状。由于其表面有一层憎水的化学物质,木棉纤维的染色性能也不太好。

木棉是棉花的近亲,从形态来看,木棉纤维长度较短、密度小,由于其显著的空腔结构,密度只有棉纤维的三分之一左右,因而可用作救生用品的浮力材料。一般木棉单纤维平均强力1.4~1.7cN,纤维比强度为0.8~1.3cN/dtex,断裂伸长率为1.5%~3.0%;由于纤维的空腔结构,使得木棉纤维的相对扭转刚度很高,大于玻璃纤维的扭转刚度;由于纤维长度偏短,没有良好的天然卷曲,纤维之间的抱合力低,因此纤维在纺纱过程中内外转移困难,使纺纱加捻效率降低,目前难以单独纺纱,但是木棉纤维拒水吸油、保暖性强、天然抗菌、不蛀不霉。从化学性能来看,木棉纤维既耐酸也耐碱,可用直接染料染色。

目前木棉纤维主要作为絮料填充物,如枕头和被褥的填充材料,具有柔软弹性恢复性能好等特点,利用其柔软、密度小和防水的特点,发达国家也广泛将木棉纤维用作海军制品的原料,在关键时候可以起到救生的功能。为了发挥其中空的结构特点,德国研究人员开发了木棉与毛复合的隔热保暖建筑用材料,试验证明比单独的毛纤维隔热材料有更好的吸热性和滞留性。

纺织专家一直致力于木棉纤维纱线及其服装面料的开发,1992 年,开始用转杯纺纱技术纺出木棉和棉混纺比为 60/40 和 50/50 的纱线,该混纺纱光泽较好,但纤维之间抱合性能差,所纺纱线结构蓬松、手感柔软,但强度比棉低得多,后续的织造加工难度大,仅限用于对纱线强度要求不高的领域。日本大和纺织公司 2003 年投放市场的木棉与棉纤维的混纺产品,其中木棉含量高达 30% ~50% ,这些木棉混纺织物主要用于制作高档女士短大衣、衬衫和连衣裙以及男士上装等。国内相关纺织企业在木棉纺织产品的开发方面也做了一些努力,开发了木棉纤维与其他纤维混纺的针织内衣、绒衣、绒线衫,机织休闲外衣、床品、袜类等,总体来说质量方面有待改进。

2. 竹纤维

竹子是一种特点非常鲜明的速生植物,在中国南方广泛种植和应用,但将竹子开发成纺织用纤维还是近几年的事情,竹纤维也算是中国自主创新的一种纤维材料。用竹子为原料加工成的纤维称为竹纤维,是我国开发的一类新型纺织用纤维,竹纤维分成两大类,一类是天然竹纤维,就是竹原纤维,另一类是化学竹纤维,是将竹子作为原料,进行重新化学加工进而纺丝的纤维。这里对竹原纤维做一个简单介绍。

竹原纤维的制作过程是将竹片进行压碎分解和蒸煮,然后采用化学方法或者生物酶方法进行脱胶,将竹子中的单纤维保留下来,然后进行纤维的梳理,使其成为纺纱可以使用的纤维。从竹原纤维的组成成分和化学结构来看,主要是纤维素、半纤维素和木质素,它保留竹子所具有的许多性能特点,属于天然纤维,具有吸湿、透气、抗菌抑菌、除臭等诸多类似麻纤维的性能特点及良好性能。

竹原纤维的结构形态与苎麻纤维的截面很相似,因此市场上也有用苎麻纤维冒充竹原纤维的。竹原纤维有无数微细凹槽,纤维纵向有横节,粗细分布很不均匀。竹原纤维的横向类似竹片的截面结构,有不规则的椭圆形、腰圆形的形态结构,在纤维的表面布满了大大小小的空隙,这些空隙、凹槽与裂纹提供了很好的吸水和导水的通道,故竹原纤维被专家们誉为“会呼吸的纤维”,纯天然竹原纤维纺织服装吸湿性强、透气性好,有清凉感,充分体现竹子的某些特征。但竹原纤维长度整齐度差,纤维刚度大,少天然卷曲,纺纱难度也比较大。

生产竹原纤维是比较复杂的过程,从竹子中提取纤维的得率比较低,效率低,成本比较高,有些厂家声称自己销售的是竹原纤维,但实际是以其他的纤维来替代竹原纤维。真正的竹原纤维具有很好的抑菌性能,经有关实验证明,竹原纤维具有较强的抑菌作用,由于竹原纤维中含有叶绿素铜钠,因而也具有良好的除臭作用。

3. 汉麻纤维

汉麻是近些年比较受关注的一种天然纤维,汉麻纤维主要包括纤维素、半纤维素、果胶、木质素和少量蜡质等成分。从含量上看,汉麻的纤维素含量比棉低,而半纤维素和木质素的含量都偏高,所以在煮、漂、染色等方面的加工难度比棉纤维的大。其纤维表面比较粗糙,大麻长度偏短并且整齐度差,单纤维长度为 5～25mm,细度为 15～17μm。汉麻纤维的横截面有多种不规则且较为复杂的形态结构,纤维截面有中空的孔隙结构,约占横截面积的 1/2～1/3,纤维胞壁具有裂纹与小孔,汉麻纤维的纵向较平直,具有横节和许多裂纹及微孔,并通过毛细管道与中腔贯通,这种结构让汉麻纤维具有较多的毛细管道,使织物具有很好的吸湿透气性能。

总体来说,汉麻纤维的细度较细,但是长度不够长,刚性较大,断裂强度和断裂伸长率高于苎麻和亚麻,散湿较快。理论上汉麻纤维可纺纱线可以比亚麻的细,可以织造更为轻薄、柔软的纺织面料,但汉麻的脱胶技术还没有完全过关,纤维长度整齐度较差,纤维的刚度大,没有天然卷曲,这些问题都导致汉麻的纺纱质量不高,纺织产品开发还有很大的提升空间。

4. 羽绒纤维

羽绒纤维是一种蛋白质纤维。羽毛的结构决定羽绒主要以朵绒的形式存在,这与一般纺织纤维为细长的单根纤维有本质的不同,真正意义上的羽绒纤维很细、很短,表面憎水,为中空结构,因此密度小,羽绒纤维表面光滑,没有鳞片,其他表面结构跟羊毛相似,其摩擦系数比羊毛、蚕丝要小。

但是羽绒纤维轻、软、暖,从物理性能来看,羽绒纤维的临界表面张力是所有蛋白质纤维中最小的,羽绒纤维的防水性能特好,耐热性差,从化学性能来看,它耐弱酸不耐碱。羽绒纤维的特点是长度不够长且粗,一般以朵绒的结构形式存在,密度小、到处飞花,所以难以梳理成网和成条,难以制成粗纱,国内外许多研究人员都在进行羽绒纱线及其纺织面料的开发,但受到前后道工序的限制进展都不大。目前羽绒还是主要作为填充物的形式使用。

5. 其他特种动物纤维

世界上有很多的动物纤维,他们产量虽然不大,但是纤维在某些方面的性能特点显著,制成的纺织产品特点突出,有的主要作为奢侈品牌,深受消费者的欢迎。这些纤维由于形态结构等方面的限制,往往纺纱以及后续加工难度大。在此举例说明,貂毛主要是水貂的毛绒,其纤维比较纤细,平均直径为 18μm,平均长度 15mm,色泽光润。狐绒纤维很细,平均直径在 18μm 以下,长度一般为 50mm,主要有北极狐、赤狐、银黑狐等,狐绒的断裂强力一般为3.76cN,断裂伸长率在40%左右,属于低强力高伸长纤维,卷曲度大,卷曲波形较小,纤维卷曲波长小,纤维之间抱合力好,狐绒纤维一般与棉纤维混纺使用,可用于开发精纺、半精纺织物。但其纯纺产品缩绒性较严重。貉绒的纤维很纤细,断裂强力一般为3.68cN左右,断裂伸长率在47%左右,卷曲度大,卷曲率较高,纤维之间抱合力好,纺纱加工成网容易,静摩擦系数相对较大,具有较好的缩绒性,其织物具有丰满、蓬松的手感。

这些特种动物纤维普遍弹性较好,与羊绒有类似的纺纱难度,因此采用一些新型纺纱技术有利于提高其质量。

2.1.3 再生短纤维

简而言之,用天然高分子化合物为原料、经化学方法制成的纤维称为再生纤维,再生短纤维有棉型纤维和毛型纤维两种,棉型纤维长度为 38 ~ 51mm,细度为 1.67dtex 或更细,其性能与棉纤维相似。毛型纤维长度为 64 ~ 114mm,细度为 3.3 ~ 16.7dtex,纤维性能和形态与动物毛相似。

1. 再生纤维素纤维

(1)黏胶短纤维:早期黏胶短纤维的生产原料主要以棉短绒为主,纤维的化学结构与棉纤维的纤维素结构类似,因此其特性类似于棉纤维,与棉相比,纤维的初始模量低,黏胶纤维最大的特点是吸湿性好,最大的缺点是抗皱性差、缩水率大。随着黏胶纤维生产原料的拓展以及生产工艺的变化,其种类越来越多,一般有普通黏胶纤维、强力黏胶纤维、莫代尔(Modal)纤维、Lyocell 纤维、竹黏胶纤维、珍珠黏胶纤维等。

莫代尔纤维是一种高湿模量黏胶纤维,其细度很细,为 1dtex,强度很高,干强为 35.6cN,湿强为 25.6cN,光泽、柔软性、吸湿性、染色性均优于棉纤维,该纤维近年广泛用于各类纺织产品的开发中,深受消费者的欢迎。

Lyocell 纤维又称为"天丝",其强度相对普通黏胶纤维有极大的改善,其湿强力几乎达到干强力的 90%,还具有吸水速度快的特点,其吸水速度接近棉的两倍,且 Lyocell 纤维的手感柔软,悬垂性好,但存在耐磨性能差以及纤维原纤化等问题。

竹黏胶纤维又叫竹浆纤维,竹浆纤维与前文介绍的竹原纤维不同,它是将竹片做成浆,然后将浆做成浆粕再进行湿法纺丝而制成的一种再生纤维素纤维,其加工原理和路线基本与黏胶相同,但在加工过程中由于强烈的化学作用使得竹子的天然特性遭到破坏,纤维的力学性能以及在除臭、抗菌、防紫外线功能等方面都弱于竹原纤维。

(2)铜氨纤维:铜氨纤维的特点是直径较细且塑性好,细度一般为 0.44 ~

1.44dtex，吸湿性很好，纤维表面光滑，光泽柔和，有真丝感，染色性优于黏胶纤维，但是不耐酸碱。铜氨纤维强度比黏胶纤维高，湿态时，强度是干态时的 65% ~ 70%。铜氨纤维成形工艺复杂，产量较低，使用比较少，一般用作高档丝绸和针织原料。

（3）醋酯纤维。醋酯纤维又称醋酸纤维，从形态来看，醋酯纤维柔软且悬垂性好，其模量低，有弹性但容易变形，强度也低，染色性能差。醋酯纤维的密度比黏胶纤维的要小，和涤纶的较为接近，强度是三种纤维中最低的，而且湿态下的强度损失较大，剩余强度约为干强的 70%，和黏胶的湿态强度差不多。醋酯纤维耐酸碱性能差。

2. 再生蛋白质纤维

再生蛋白质纤维的种类很多，一般有大豆蛋白、花生蛋白、牛奶制品蛋白等，再生蛋白质纤维的特点是取向度低，强度低，染色不匀，成本高。

大豆蛋白纤维属于再生植物蛋白纤维类，它是指以脱去油脂的大豆豆粕作原料，提取植物球蛋白并与其他合成纤维的纺丝原料进行共混，制成的一种复合纤维。前些年市场广泛推广的大豆蛋白纤维主要成分是大豆蛋白质（15% ~ 45%）和高分子聚乙烯醇（55% ~ 85%），该复合纤维充分发挥了聚乙烯醇缩甲醛纤维（维纶）的某些性能特点，如强度高，手感柔软等，曾经多用于开发针织产品。但由于染色牢度不好，以及维纶纤维本身存在的某些缺点，所以尚没有大面积的推广应用。

牛奶蛋白纤维是以牛乳作为基本原料，经过脱水、脱油、脱脂、分离、提纯，将牛奶大分子加工为具有纤维成型线性大分子特性要求的乳酪蛋白，再与丙烯腈进行接枝共聚制备成以聚丙烯腈为主体的纺丝原液，在类似腈纶湿法纺丝的工艺路线上生产的一种复合纤维，该纤维在手感与某些性能方面与传统的腈纶纤维有一些不同，触感相对更加柔软、舒适、滑糯，牛奶蛋白纤维可以纯纺，因为其主体成分一般均以聚丙烯腈为主，因此仍具有腈纶的诸多性能特点，也可以和羊绒、蚕丝、绢丝、棉、毛、麻等纤维进行混纺。

3. 其他再生纤维

除了再生纤维素纤维和再生蛋白质纤维之外，还有其他的再生纤维，如甲壳素纤维、海藻纤维等。

（1）甲壳素纤维：甲壳素纤维是指从甲壳纲动物虾和蟹的甲壳、昆虫的甲壳、真菌（酵母、霉菌）的细胞壁和植物（如蘑菇）的细胞壁中提取的材料经过特殊的化学加工工艺所加工出来的一种纤维，由于甲壳素纤维在其大分子链上存在大量的羟基（—OH）和氨基（—NH$_2$）等亲水性基团，因此甲壳素纤维具有很好的亲水性和很高的吸湿性，甲壳素纤维的平衡回潮率一般在 12% ~ 16% 之间，而其保水能力能达到

130%左右,甲壳素纤维具有抗菌、消炎、止血、镇痛、促进伤口愈合等功能,同时该纤维具有很好的可降解性能。就目前技术所加工的甲壳素纤维而言,甲壳素纤维线密度偏大,强度偏低,这在一定程度上影响了甲壳素纤维的成纱强度,目前的应用主要通过甲壳素纤维与棉纤维或其他纤维混纺来改善其可纺性。

(2)海藻纤维:海藻纤维是指从海洋中一些棕色藻类植物中提取得到的海藻酸为原料制得的纤维,其研究的历史比较长,目前已经在某些领域形成了一些小规模的应用,尤其是在生物医用领域具有独特的用途,如用来制备创伤被覆材料等,海藻纤维的吸收性能很强,它可以吸收伤口的渗透物而不至于使伤口产生异味或细菌感染,也有将海藻酸纤维与其他纤维混纺制备内衣面料,经测试具有一定的抑菌性能等。

2.1.4 合成短纤维

合成纤维是以化学小分子原料通过不同化学反应过程合成的大分子纤维材料。合成短纤维的种类很多,他们与天然纤维相比,在微观结构上分子量大、结晶度高、大分子的取向度高,所以合成纤维比天然纤维具有普遍较好的力学性能,同时由于合成纤维的细度与纺丝孔的直径大小和形态有关,所有合成纤维的细度普遍较天然纤维的小,并且可以实现不同形态的异形截面形态的结构,随着纺丝工艺和装备的改进,目前可以实现各种特性的超细纤维和差别化纤维;同时合成纤维在连续纺丝后,其短纤维可以根据需要进行牵切,纤维的长度整齐度也较天然纤维的好,所以合成短纤维的纺纱比天然纤维的简单。在国内,合成纤维主要是指传统的六大纶纤维,即涤纶、锦纶、腈纶、丙纶、维纶和氯纶,现在还有聚乳酸纤维、聚四氟乙烯纤维等一些新型纤维。

1. 涤纶纤维

涤纶纤维的学术名称为聚对苯二甲酸乙二醇酯,是目前纺织中使用最多的合成纤维,涤纶纤维以其优良的力学性能而备受使用者的喜爱,涤纶纤维制品具有优良的抗皱保形性能和挺括性能,涤纶纤维的相对强度是棉纤维的两倍左右,是羊毛的三倍左右,因此涤纶纺织品结实耐用,在合成纤维中,涤纶的耐热性和热稳定性也是相对最好的,但是涤纶纤维中由于缺少亲水性的化学基团,因此其回潮率很低,绝缘性能好。由于其回潮率低,使用时摩擦易产生静电,常规染色技术对涤纶难以染色,涤纶一般采用高温高压的分散染料染色技术。

涤纶纤维的差别化和功能化生产技术有了长足的发展,异形截面纤维、中空纤维、超细纤维等具有不同性能特点的纤维层出不穷。如具有吸湿快干的 COOLMAX

纤维在运动面料中广泛使用,该纤维的特点是截面上有四个导水沟槽,因此具有很好的毛细管导水效应,能够迅速将汗水和湿气导离皮肤表面,并向四面八方分散,让汗水挥发更快,可以保持皮肤干爽舒适,持久舒爽透气,冬暖夏凉,倍感轻松。通常纤维材料的吸水有两种原理,一种是依靠纤维内部大量的亲水性基团产生的化学吸水现象,典型的代表是棉纤维及其制品,化学吸水具有持久保水、难以干燥的缺点,但是其具有一定的抗压性,所以卫生用的吸水产品如卫生巾、尿不湿等产品中的吸水材料一般均采用化学吸水的材料;纤维材料因此具有相对更大的比表面积以及可以特殊化的表面结构,所以还具有超大的毛细管吸水的功效,COOLMAX 的涤纶纤维就是充分发挥这方面的特点开发的快干纤维,这种依靠毛细管效果的吸水实际上是一种物理吸水现象,这种吸水的特点是吸水和导水快,但是保水能力差,抗压能力更差,类似海绵材料的吸水机理。真正的运动服面料必须具有高效吸水和快干性能,所以 COOL-MAX 纤维被大量使用在夏季和运动面料的开发中,其干燥速度是纯棉的 5 倍,纤维材料可用于衬衫、裤子、袜子、内衣、帽子、背包等。

2. 锦纶纤维

相对其他合成纤维而言,锦纶纤维的最大优点是具有优良的耐磨性能,还具有良好的综合性能,包括力学性能、耐热性、耐化学药品性和自润滑性,且摩擦系数低,具有较低的初始模量,手感柔软,有一定的阻燃性,易于加工,适于用玻璃纤维和其他填料填充增强改性,提高性能和扩大应用范围。锦纶纤维的制品透气性差,易产生静电,且弹性模数低而促使纤维伸长回复能力相对较差,不耐光,所以在某些方面锦纶的使用会受到限制,锦纶短纤维大都用来与羊毛或其他化学纤维的毛型产品混纺,制成各种耐磨经穿的衣料。随着各种相关技术的发展,锦纶纤维在服用纺织品中的使用越来越多,其某些方面的优点也得到了充分挖掘和展现。除了锦纶 6 和锦纶 66 等品种,近几年还开发了半芳香族尼龙 PA6T 和特种尼龙等很多新品种,以及在锦纶纤维里面加入导电或其他功能纤维制成所需的产品。

3. 腈纶纤维

腈纶纤维也称为合成羊毛纤维,其在合成纤维中最大的特点是弹性好且耐晒,蓬松卷曲而柔软,这种卷曲的外形结构可以与具有优良弹性和卷曲的羊毛媲美,保暖性比羊毛高15%,腈纶纤维中采用了衣康酸等单体进行改性,具有很好的阳离子染色性能,色泽鲜艳,抗菌、不怕虫蛀,但耐碱性较差,可做成窗帘、幕布、篷布、炮衣等。腈纶纤维被广泛用于秋冬季保暖产品的生产中,如与羊毛混纺成毛线织成毛毯、地毯等,还与棉、人造纤维、其他合成纤维混纺,加工成各种衣料和室内用品。由腈纶纤维加工的膨体毛条可以纯纺,或与黏胶纤维、羊毛混纺,得到各种规格的中粗绒线和细绒线"开司米"。

4. 丙纶纤维

丙纶纤维是常见合成纤维中最轻的纤维,其密度比水的小,由于缺少化学亲水性基团,回潮率几乎为零,化学性吸水能力也几乎为零。科技人员充分发挥其化学纤维可加工的性能特点,将其加工成超细旦化,发挥其良好的芯吸能力,也曾开发了大量的运动面料。但是丙纶由于缺少亲水性活性基团,所以染色性能差,这大大制约了它在服装领域的广泛应用。丙纶纤维的热稳定性较差,不耐日晒,易于老化脆损,目前主要制作地毯(包括地毯底布和绒面)、装饰布、家具布、绳索、条带、渔网、吸油毡、建筑增强材料、包装材料和工业用布,如滤布、袋布等。在衣着方面应用也开始日趋广泛,可与多种纤维混纺制成不同类型的混纺织物,经过针织加工后可以制成衬衣、外衣、运动衣、袜子等,丙纶纤维制成的冬用内衣面料具有保暖性能好的特点,由丙纶中空纤维制成的絮被,质轻、保暖,弹性良好,随着丙纶染色技术的攻克,丙纶纤维会不断显示其优点而在服用领域得到更广泛的应用。

5. 维纶

维纶纤维是一种聚乙烯醇纤维,它一般分为水溶性维纶和非水溶性维纶。

(1)水溶性维纶:水溶性维纶纤维是未经缩甲醛化的聚乙烯醇纤维,能在热水中溶解,水溶性维纶纤维具有无毒、环保的特点,水溶性维纶的存在主要是发挥其优良的力学性能,在纺纱过程中起到伴纺的作用,在生产羊毛与麻纤维的高支纱时,可以采用水溶性维纶短纤维与这些纤维一起梳理和制条并纺纱,以增加纱线强度,提高可纺性、织造性,使纱线和织物设计范围扩大,在制成面料后将水溶性维纶溶解,就可以开发出轻薄的纯毛或纯麻面料,突破常规纺纱技术的极限。

(2)非水溶性维纶:实际上常规上讲的维纶纤维普遍是指非水溶性维纶纤维,它是聚乙醇纤维在热牵伸后经过缩甲醛化的纤维,具有不水溶的特点,力学性能优良,可以生产高强高模的维纶纤维,被广泛地用于篷布、工业用布等特殊领域。维纶在合成纤维中最大特点是具有较高的回潮率,号称"合成棉花",具有较好的化学稳定性,不耐强酸,耐碱。耐日光性与耐气候性也很好,但是弹性最差,织物易起皱,没有身骨,染色性能较差,色泽不鲜艳。因其具有优良耐磨性能,近年来部队将其用于士兵体训服的生产中。

6. 氯纶

氯纶的原料丰富,生产流程短,是合成纤维中生产成本最低的一种。氯纶合成纤维中最大特点是阻燃性最好,但是纤维强度低,与棉纤维接近,氯纶耐强酸强碱,耐腐蚀性能强,特别是由于它保暖性好,易生产和保持静电,故用它做成的针织内衣对风湿性关节炎有一定辅助疗效,氯纶短纤维可以制成棉絮、毛线及针织内衣裤等。氯纶纤维与丙纶纤维一样,缺少可以染色的活性基团,所以染色性差,同时其耐热性不好,热收缩大,受热后纤维制品的尺寸稳定性差,限制了它的应用,也有通过将氯纶纤维的原料单体与其他纤维的原料单体进行共聚改善氯纶性能的,如维氯纶就是这样生产的;也有将它的大分子与其他纤维(如黏胶纤维)进行乳液混合纺丝来改善其不足的。

7. 聚乳酸纤维

聚乳酸纤维的最大特点是一种可完全生物降解的合成纤维,具有诸多方面的优点,是一种正在大力研发和具有极大前途的纤维。它是脂肪族类聚酯纤维,俗称玉米纤维,简称 PLA 纤维,是从玉米、木薯等植物中提取原料,然后再经过加工制成的纤维。理论上聚乳酸纤维的原料来自于可以不断再生的植物原料,与其他以不可再生的化工原料为原料的合成纤维有极大的不同,同时纤维可以自然降解对环境不会造成污染,所以深受消费者的青睐。聚乳酸纤维的力学性能优异,断裂伸长率与聚酯纤维接近,一般为 30% ,断裂比强度为 3.97 ~ 4.85cN/dtex ,具有很高的耐热性,耐磨性好,纤维制品的尺寸稳定性好,具有较好的抗污性能和抑菌性能,但是其吸湿性差,染色性能也差,这些方面的缺陷限制了纤维在纺织产品中的应用,目前针对这些方面的问题正在加大研究力度。

8. PTT 纤维

PTT 纤维是聚对苯二甲酸丙二酯纤维的简称,这种纤维兼有涤纶和锦纶的特点,有较好的弹性回复性和抗皱性,染色均匀,耐磨性好,蓬松性好,易洗快干,手感柔软,富有弹性,与弹性纤维氨纶相比更易于加工,非常适合要求有一定弹性的纺织服装面料的生产。

9. 芳纶纤维

芳纶纤维是一种高技术难度和高附加值的合成纤维,具有超高强度、高模量和耐高温、耐酸耐碱、重量轻等优良性能,其强度是钢丝的 5 ~ 6 倍,模量为钢丝或玻璃纤维的 2 ~ 3 倍,韧性是钢丝的 2 倍,而重量仅为钢丝的 1/5 左右,同时由于其内在的分子结构特点,芳纶纤维具有很好的热稳定性和阻燃性能,在 560℃ 的温度下,不分解,不融化。它具有良好的绝缘性和抗老化性能,在许多特种领域都可以得到应用。芳纶纤维主要有间位芳纶和对位芳纶两种,间位芳纶也称为芳纶1313,对位芳纶也称为芳纶1414,这两种纤维的纺纱与面料生产难度大,并且都具有难以染色的缺点。

芳纶1313最突出的特点就是耐高温,可在220℃高温下长期使用而不老化,它是一种柔软洁白、纤细蓬松、富有光泽的纤维,有较好的力学性能,回潮率为6.5%,耐酸、碱、霉、老化,芳纶1313的极限氧指数大于28%,属于难燃纤维,其摩擦性、抗腐蚀性最好,强度和弹性也好,但是耐光性差,主要用于制防辐射衣料、航天衣料,也用于制耐高温工作服的面料、蜂窝制件、高温线管、飞机油箱、防火墙、反渗透膜或中空纤维等。

芳纶1414的国外商品名为Kevlar,与芳纶1313相比,其最突出的特点是强度最高,纤维呈现金黄色,比强度是钢的5倍,具有较好的耐热性和尺寸稳定性,柔软无脆性,抗强冲击,在180℃干热空气中放置48h后,其强度保持率为84%,热收缩率和蠕变性能稳定,分解温度约560℃,玻璃化温度在300℃以上,具有耐化学腐蚀性、高绝缘性,主要用作轮胎帘子线、橡胶补强材料、特种绳索和工业织物(如防弹衣),制成增强塑料用于航天器、导弹壳体等高技术领域。

2.2 长丝纤维的特点及其发展

由于长丝纤维不需要像短纤维一样进行纺纱,可以直接进行织造,同时长丝纤维具有较短纤维纱更好的力学性能以及长度方向的均匀性,纱线没有短纤维纱的毛羽,后续加工更容易,所以长丝纤维发展非常迅速,在经编等领域主要以长丝原料为主。为了充分发挥长丝纤维的优势,短纤维纺纱技术也进行了革新,开发了长丝复合纺纱技术,这些复合纱线兼具短纤纱和长丝纱的优点,在许多领域得到了广泛的应用。下面对不同的长丝纤维原料进行一些简单的介绍。

2.2.1 天然长丝纤维

大自然中有很多的连续长丝纤维,但是能够满足纺织加工诸多指标要求的纤维并不多,蚕丝纤维是天然纤维中性能比较好的长丝纤维,从形态特点来看蚕丝纤维细长柔软,表面平滑均匀,光洁雅致。不同季节的蚕茧由于蚕的生长周期不同其纤维的长度也不同,一般春茧茧丝长为900~1500m,茧丝重0.35~0.45g;夏秋茧茧丝长700~1200m,茧丝重0.22~0.37g。按照饲养方式的不同,蚕丝有桑蚕丝和柞蚕丝两种,桑蚕茧丝的线密度约为2.8~3.9dtex(2.5~3.5D),脱胶后单根丝素的线密度小于茧丝的一半,也就是说蚕丝表面的丝胶比例很高;柞蚕丝是以柞蚕所吐之丝为原料缫制的长丝,也被称作野蚕丝,柞蚕茧的春茧为淡黄褐色,秋茧为黄褐色,柞蚕丝具有天然的黄褐色,光泽暗淡,与桑蚕丝相比,柞蚕丝刚性较强,手感粗糙,长度也较短。柞蚕茧丝略粗,一般为5.6dtex(5D)左右,而生丝的线密度则根据茧丝的粗细和缫丝时候茧的粒数而定。从物理性能来看,蚕丝强伸力高,断裂强度可达 30.87 ~ 36.07cN/tex,断裂伸长度可达15% ~25%,蚕丝的耐磨性能优于其他天然纤维。从化学性能来看,蚕丝纤维不耐碱,对酸的抵抗力比棉花强、比羊毛弱,蚕丝纤维的染色性能良好。蚕丝因其优雅的光泽而受到消费者的喜爱,单丝纯蚕丝制品的抗皱性能欠佳,蚕丝制品的染色性能也有不足,在合成纤维日益迅速发展的今天,蚕丝的许多优势逐渐被合成纤维仿造,而其缺点却显得越来越明显。目前市场上的蚕丝长丝的细度可以在22.22dtex(2D)左右,能够满足复合纺纱的要求。

2.2.2　再生长丝纤维

黏胶长丝是黏胶纤维的一种,也叫人造丝,具有光滑凉爽、透气、抗静电、染色绚丽等特性。黏胶纤维是最早投入工业化生产的化学纤维之一。黏胶纤维回潮率高、吸湿性好、穿着舒适、可纺性优良,其制成面料的抗静电性能好,因此常与棉、毛或各种合成纤维混纺、交织,用于各类服装及装饰用纺织品。

普通黏胶长丝物理化学性能与黏胶短纤维类似,用于和天然丝、聚酯长丝、聚酰胺长丝等交织或单独织造,以制作各种档次的类丝绸制品,如织锦缎、汉王锦、彩缎、古香缎等,纯的黏胶长丝可用于织造美丽绸、有光纺、无光纺、富春纺、花缎等。黏胶强力丝可用于轮胎帘子线、运输带等工业用品。

黏胶长丝的规格主要以75D、100D为主,但近些年为了满足不同产品开发的需要,部分厂家也开发了50D和30D的黏胶长丝,可以用于某些长丝复合短纤纱的生产中。

2.2.3　合成长丝纤维

1. 涤纶长丝

所谓涤纶长丝,是长度为千米以上的丝,长丝卷绕成团,涤纶长丝一般可分为预取向丝(POY)、全牵伸丝(FDY)、低弹丝(DTY)三大类。

涤纶长丝与涤纶短纤维的物理化学性能基本一样,涤纶因其特殊的大分子结构和超分子结构,其制成面料具有挺括不皱的特点,但其回潮率低,抗静电性能差,因此往往与其他天然纤维或再生纤维进行混纺使用。涤纶长丝在工业上应用广泛,可用于帆布、缆绳、渔网、传送带、帐篷等,也用于制作轮胎帘子线,在性能上已接近锦纶。由于其良好的化学稳定性,涤纶还可用于电绝缘材料、耐酸过滤布、医药工业用布等。

涤纶长丝可以直接采用经编和纬编、机织加工成不同的纯长丝面料,广泛地用于装饰面料、衬衣面料、运动快干面料、服装的里料等领域。涤纶长丝正在向细旦化方向发展,甚至于出现了总旦数 15～20D 的细旦长丝。

2. 锦纶长丝

锦纶纤维最大的特点是结实耐磨,锦纶长丝可制成弹力丝,在合成纤维中锦纶纤维相对回潮率比较高,锦纶长丝多用于针织及丝绸工业,如加工成单丝袜、弹力丝袜等各种耐磨的锦纶袜,以及加工成各种锦纶纱巾、蚊帐、锦纶花边、弹力锦纶外衣等。锦纶织物属轻型织物,在合成纤维织物中仅列于丙纶、腈纶织物之后,因此,适合制作登山服、冬季服装等。聚酰胺纤维的新品种有很多,锦纶－3 和锦纶－4 是新型的聚酰胺纤维,它们具有质轻、防皱性优良、透气性好以及较好的染色性和热定型等特点,因此被认为具有很好的发展前途。

3. 丙纶长丝

丙纶长丝的特点是质轻保暖,具有很好的吸湿快干性能,曾经被广泛用于快干运动针织面料的生产,近年来各种具有可染性能特点的差别化丙纶品种越来越多。丙纶因其具有抗老化、耐酸碱、质轻、耐磨、低导热性、耐海水腐蚀、不吸湿、断裂强度大等特点,被广泛应用于安全网带、工业吊带、柔性集装袋、土工布、工业过滤布、绳缆、光缆、高压消防水带、输送带、工业缝纫线、篷帆布、聚丙烯抗裂纤维、塑编袋等领域,是替代涤纶、锦纶、乙纶的新型理想化纤材料,也可加工各种规格的高强丙纶长丝缝包线,主要应用于吊带、绳缆、编织袋等行业。

4. 维纶长丝

(1)水溶性维纶长丝:水溶性维纶长丝是理想的水溶性纤维,是维纶的特色品种,可有 0～100℃ 的水溶温度,供各种用途使用。它具有理想的强伸度,良好的耐酸、耐碱、耐干热性能,溶于水后无味、无毒,水溶液呈无色透明状。水溶性维纶长丝可在无任何化学助剂的纯热水中很容易地溶解掉,并具有优秀的编织稳定性,广泛用于织袜。水溶性维纶长丝还常用于短纤维纺纱的伴纺和增强,采用长丝复合纺纱技术,将其与毛纤维或麻纤维一同纺纱,织造成面料后去除水溶性维纶长丝,可以实现高品质轻薄面料的生产。

(2)非水溶性维纶长丝:非水溶性维纶是不能被水溶解的,非水溶性维纶长丝多和棉花进行复合纺纱,制作细布、府绸、内衣、帆布、防水布、包装材料、劳动服等。

5. 腈纶长丝

腈纶长丝的特点是结构蓬松,耐光性好,腈纶长丝密度小,织物保暖性好。纯粹的腈纶长丝,由于内部结构紧密,服用性能差,所以通过加入第二、第三单体,改善其性能,第二单体改善弹性和手感,第三单体改善染色性。腈纶长丝可与不同纤维原料进行复合,生产不同性能特点的纱线,用在不同领域的纺织品生产中。

6. 氨纶长丝

氨纶长丝是所有纤维中弹性最好的纤维,由于其优良的弹性,氨纶一般不单独使用,而是采用长丝包芯纱的生产技术将其包覆在短纤维纱内部,或者在织造过程中(如纬编)与其他纱线一同参与编制,用于改善纺织品的弹性。氨纶比原状可伸长5~7倍,穿着舒适、手感柔软、不起皱,可始终保持原来的轮廓。一般被广泛地应用于内衣,女性用内衣裤,休闲服,运动服,短袜,连裤袜,绷带等为主的纺织领域,医疗领域等。氨纶包芯纱生产技术已经成为一般纺纱的必备技术,氨纶包芯纱的使用领域日益广泛。

7. 其他长丝

(1)玻璃纤维:相对一般的纺织纤维而言,玻璃纤维的最大特点是绝缘性好、耐热性强,其柔软性不够,属于脆性纤维的一类,采用这种纤维可以得到很高的初始长径比,纤维的抗弯曲和扭转能力差,其短纤维难以像普通纺织纤维一样进行纺纱和织造,纤维的耐磨性较差,拉伸强度高,伸长小(3%),弹性系数高,刚性佳,且弹性限度内伸长量大,故吸收冲击能量大,吸湿性弱,透明,可透过光线,与树脂接着性良好,价格便宜。玻璃纤维一般采用长丝的方式进行编织,玻璃纤维布通常用作复合材料中的增强材料、电绝缘材料和绝热保温材料等。用有机材料被覆玻璃纤维可提高其柔韧性,用以制成包装布、窗纱、贴墙布、覆盖布、防护服和绝电、隔音材料等。

(2)导电纤维:导电纤维是20世纪60年代出现的一种新的纤维品种,一般是指电阻率小于$10^7\Omega \cdot cm$的纤维。它的出现使得纺织品的功能得到极大的拓展,这类纤维具有良好的导电性、力学性能以及耐久性,特别是在低湿度下仍具有良好的抗静电性,随着相关科技的进步,实现不同材料导电的方法和手段也越来越多,一些常规意义上的绝缘材料也能够实现一定程度上的导电,目前导电纤维的品种有金属纤维、碳纤维和有机导电纤维,也有在其他纤维里面加导电材料实现导电的,如涤纶基有机导电纤维等。

(3)聚乳酸长丝:聚乳酸(PLA)长丝主要特性是生物可降解,纤维具有弱酸性和一定的抗菌性能,纤维制品的手感柔软、光滑,质地轻,具有一定的阻燃特性,纤维的光泽柔和与真丝相仿,聚乳酸的这些性能特点成为化学纤维和天然纤维之间的"桥梁"。但该纤维在纺织生产领域大规模应用还有很多需要研究的地方,产品的设计和开发也有许多工作需要企业深入挖掘,并广泛开展对消费者的宣传。

第3章 嵌入式复合纺纱技术原理及其分析

3.1 嵌入式复合纺纱技术原理及实现形式

3.1.1 嵌入式复合纺纱技术成纱原理

前面章节已经介绍了传统环锭纺纱、赛络纺以及赛络菲尔纺的原理以及它们存在的局限。为克服传统环锭纺以及新型纺纱方法中存在的问题,增强成纱区短纤维加捻须条,降低纺纱断头,改善成纱品质,我们以生产实践为基础,提出了嵌入式复合纺纱方法[1],有关研究内容我们曾以文章"高效短流程嵌入式复合纺纱技术原理解析"发表在《纺织学报》2010 年第 6 期上。它的主要原理是:采用系统定位技术实现在前钳口线上合理布置长丝与短纤维须条的相对位置,使得纺纱过程中长丝不仅有效捕获短纤维须条,且能够稳定有效地增强纺纱三角区短纤维弱捻须条。如图 3.1.1 所示,在第一代嵌入式复合纺纱系统中,两短纤维须条分别位于左右外侧,两长丝分别位于左右内侧,且都呈对称结构布置。与包芯式赛络纺纱三角区的长丝和短纤维须条相比,第一代嵌入式复合纺纱方法将长丝 F 一分为二,并向两侧外移,使长丝能在与两短纤维须条分别汇合后至两短纤维须条 S 的汇合点之间对其进行增强保护,一定程度上降低了纺纱断头。然而,第一代嵌入式复合纺纱方法仅是对纺纱三角区纤维弱捻须条进行部分增强,对最靠近前罗拉钳口的更柔弱纤维须条未进行增强(图 3.1.1)。

为解决在第一代嵌入式复合纺纱时长丝仅对三角区弱捻短纤维须条进行部分增强的问题,我们提出了第二代嵌入式复合纺纱方法:在图 3.1.1 中,短纤维须条位置固定不变的情况下,将两长丝分别对称地向外侧移动,长丝增强短纤维须条的长度不断增加;当两长丝分别与两短纤维须条重合时,长丝增强短纤维须条的长度达到最大值,实现对弱捻短纤维须条的彻底增强,如图 3.1.2 所示。在第二代嵌入式复合纺纱时,左右两侧的长丝分别位于两短纤维中央,与短纤维须条重合,两侧纱条在汇合并捻之前,类似短纤维包芯长丝纺纱,短纤维更多地分布在纱条表层,因此长丝未能实现贴附和包缠短纤维纱条表面毛羽的功能。特别是对于一些刚度较大、加捻扭转困难、纺纱性能较差的纤维(如苎麻纤维),在该系统中进行纺纱时,刚出前罗拉钳口的短纤维须条外侧部分短纤维依旧难以捻入纱体,且易被吸风管吸走,短纤维的利用率和成纱品质改善仍然较小。因此,在增强纤维须条的同时,对最靠近前罗拉钳口的纤维须条进行保护、防落纤,是成熟嵌入式复合纺纱方法必备的两大原理性功能。

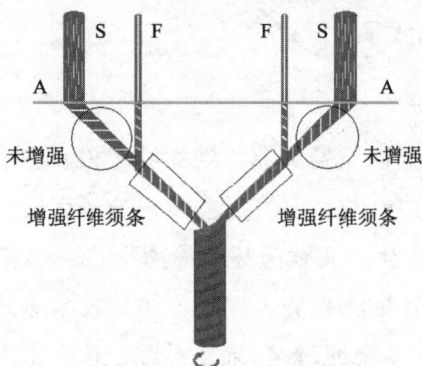

图3.1.1　第一代嵌入式复合纺纱原理示意图
A－A—前罗拉钳口线　F—长丝　S—短纤维须条

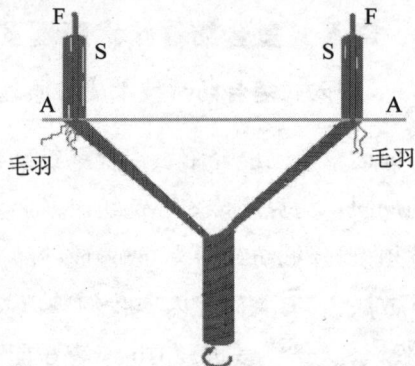

图3.1.2　第二代嵌入式复合纺纱原理示意图
A－A—前罗拉钳口线　F—长丝
S—短纤维须条

当长丝分别位于两短纤维须条外侧,并分别靠近两短纤维须条时,长丝不仅增强弱捻短纤维须条,且能防护刚出前罗拉钳口的须条不产生落纤。图3.1.3为第三代嵌入式复合纺纱原理示意图。如图3.1.3所示,沿前罗拉钳口线 A_1—A_2 方向,两根长丝 F_1 和 F_2 对称地处于最外围以提供坚强的大三角平台;两对称的短纤维须条 S_1 和 S_2 从大三角的内部喂入,分别与长丝 F_1 和 F_2 相汇于 C_1 和 C_2 点。在实际纺纱过程中,两长丝具有一定的捻度,因此两纤维须条一旦接触到长丝,就会有捻度传给而自行加捻,且接触部分与长丝相互扭合为一体,形成加强的纱线须条 C_1－C,然后与另外一边加强过的纱线须条 C_2－C 于 C 点进行汇合扭缠,形成纱线。由此可以看出,长丝首先对短纤维须条进行包缠增强,然后再与另一支包缠增强的纱线须条进行包缠,所以短纤维在成纱过程中被有效地嵌入到成纱主体中。长丝分布在最外围,有效地拦截最靠近前罗拉钳口柔弱松散短纤维须条所产生的落纤,使其重新捻入对应的长丝增强纤维纱条中;即使短纤维须条断裂,带有捻度的外部增强长丝位于短纤维运动的前方,依然能捕获和重新搭接须条继续纺纱,即:只要长丝强力足够大,高品质嵌入式复合纺纱就能连续进行。因此,在第三代嵌入式复合纺纱过程中,纤维复合成纱最低极限纺纱强力取决于长丝的强力,而一般长丝强力远远高于最低纺纱张力,因此提高了短纤维须条的复合成纱性能。

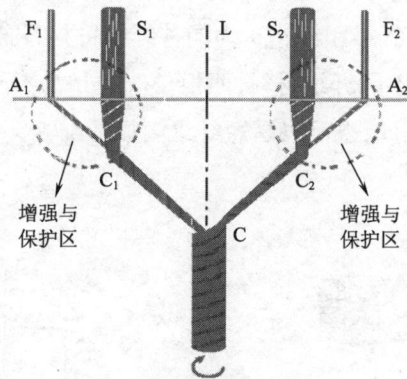

图 3.1.3　第三代嵌入式复合纺纱系统成纱原理图

A_1 – A_2—前罗拉钳口线　F_1,F_2—长丝　S_1,S_2—短纤维须条

C_1 – C,C_2 – C—加强过的纱线须条　C—汇合点

　　本纺纱系统中,外围长丝提供了一个强大的三角区平台,短纤维须条在该大三角区内可实现良好地嵌入和有效地纺纱,因此该技术被称为嵌入式复合纺纱系统。这种纺纱方法可通过采用长丝和短纤维粗纱系统定位技术来实现,因此该纺纱技术被称做嵌入式系统定位纺纱技术,简称为嵌入式复合纺纱技术。

3.1.2　嵌入式复合纺纱技术原理的实现

　　嵌入式复合纺纱是在赛络纺和赛络菲尔—长丝复合纺的基础上发展出来的,其原料的布置以及纺纱的路线与这两种纺纱方式也比较类似,在某种意义上是它们的一种综合,但是在作用和功能上却远远超出它们简单的叠加。下面就纺纱方式做简单介绍。

　　嵌入式复合纺纱采用四种原料进行纺纱,其中两组是短纤维的粗纱,两组是长丝,它们的运行路线如图 3.1.4(a)和图 3.1.4(b)所示。在环锭细纱机的每一个牵伸机构上,从粗纱筒管退绕下来的两根短纤维粗纱 a、a ′,分别经导纱喇叭 1、1′、平行进入由后罗拉 2、后皮辊 2′、中罗拉 3、中皮辊 3′、皮圈 4、前罗拉 5、前皮辊 5′组成的牵伸区进行牵伸;两根长丝 b、b′分别经定位导丝钩或导丝轮引导从前罗拉 5 后端平行喂入,两根长丝 b、b′与两根粗纱须条 a、a′相互平行,经前钳口后 b 长丝与 a 粗纱、b′长丝与 a′粗纱汇合;经牵伸的两根粗纱须条 a、a′与两根长丝 b、b′从前钳口输出后进入加捻三角区加捻,经导纱钩 6 后卷绕在细纱筒管 7 上。平行运行的长丝 b、b′分别经定位导丝钩或导丝轮引导喂入,在前钳口处,与平行运行的粗纱须条 a、a′的相对位置为:b、b′长丝位于 a、a′粗纱须条外侧,b 长丝与 a 粗纱须条重合,b′长丝与 a′粗纱须条重合,b、b′长丝与 a、a′粗纱须条相间。两根短纤维粗纱 a、a′为同种纤维材料,两根长丝 b、b′为同种纤维材料;两根短纤维粗纱 a、a′为不同纤维材料,两根长丝 b、b′为不同纤维材料。两根长丝 b、b′可以是蚕丝或化学纤维长丝,也可以是短纤维制成的细纱。

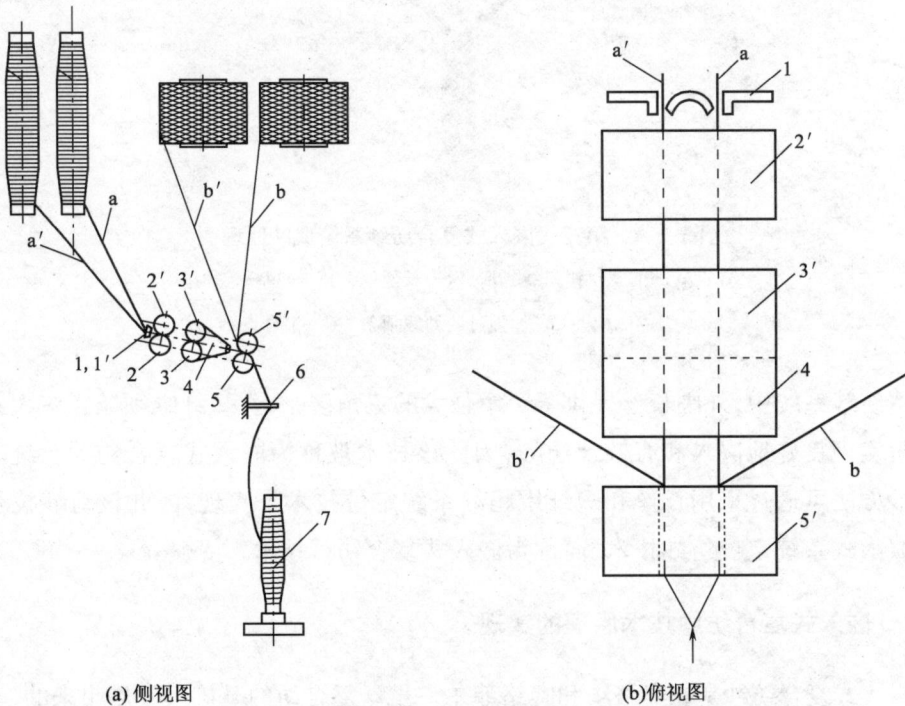

(a) 侧视图　　　　　　　　　　　　(b)俯视图

图 3.1.4　四种原料在细纱机上运行路线图

3.2　嵌入式纺纱技术的原理解析和功能优势

3.2.1　提高纱线质量和纤维利用率

如图 3.2.1 所示,嵌入式复合纺纱技术关键在于,两长丝 F_1 和 F_2 对称地处于系统的最外侧,而两短纤维须条 S_1 和 S_2 对称地从内侧喂入,并且分别与两根长丝先进

行汇集于 C_1 和 C_2 处,各侧的短纤维与长丝进行预加捻,然后汇集于 C 点进行进一步的加捻成纱。该种成纱路径的设计,不仅实现了长丝对于短纤维须条的有效增强,如图 3.2.2 中的 C_1C 和 C_2C 段,而且起到对纤维须条进行有效的捕捉,特别是能够对纤维须条侧面的纤维(如图中 H_1 和 H_2 区域的纤维)有优良的捕捉和缠绕作用,避免短纤维纱条落纤、飞纤维等带来纤维损失,大幅度提高短纤维利用率。这是其他复合纺纱系统所不能实现和完成的。

该系统具有独特的嵌入式纺纱设计,短纤维先与长丝进行扭缠复合,然后再与另一股复合纤维束进一步加捻复合,能够使得短纤维须条很好地嵌入成纱主体中,纱线毛羽明显降低;稳定的长丝大三角平台能够有效消除短纤维须条意外牵伸,成纱条干好;长丝与短纤维有效地相互嵌入,形成稳定、牢固的整体,纱线强力得到增强。因此嵌入式复合纺纱系统能够明显改善成纱质量,提高纤维纺纱利用率。

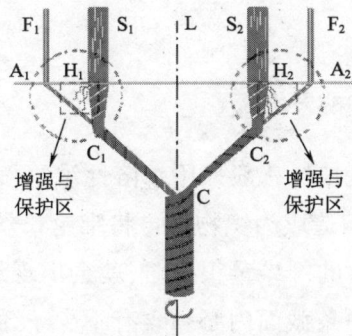

图 3.2.1　嵌入式复合纺纱系统成纱原理图

A_1 - A_2—前罗拉钳口线　A_1,A_2—长丝　S_1,S_2—短纤维须条

C_1 - C,C_2 - C—加强过的纱线须条　C—汇合点　H_1,H_2—纤维增加与保护区

3.2.2　实现难纺纤维的可纺

在环锭细纱机上,不可纺纤维主要是指纤维长度过低的纤维,一般低于十几毫米。而在嵌入式纺纱系统中,可以通过系统定位调节,使得纤维可纺所需长度大大降低。

如图 3.2.2 所示,假定长丝和纤维须条之间的宽度 F_1S_1 为 l,长丝 F_1C_1 段与前钳口线 F_1F_2 之间的夹角为 θ,依据实际纺纱参数可设定 F_1F_2 为 20mm,l 为 5mm,而角度 θ 与纺纱的牵引和卷绕速度有关,设定为 45°,则理论上短纤维的长度只要 5mm 以上就可以在这个系统中进行纺纱了。在嵌入式纺纱系统中,短纤维长度只要碰到长丝就会与其一同加捻而被带走;而普通环锭纺要求短纤维具有一定长度(如大于25mm)是满足纤维内外转移以达到形成纱线的需要,因此纤维长度在嵌入式纺纱系统和普通环锭纺纱系统中所起到的纺纱作用有本质不同。这为那些比较短的珍贵纤维在环锭细纱机上的纱线开发提供了新途径。因此,嵌入式复合纺纱系统具有实现不可纺纤维可纺的功能,为落毛、落麻、羽绒及其他贵重短纤维的利用和纱线产品的开发起到了极大的推动作用。当然这些难纺纤维的纺纱还需要前纺关键工序某些技术的突破,特别是在梳理成网工序如何将这些短纤维有效制成棉条(毛条)方面还需要在设备和技术上进一步的攻关。

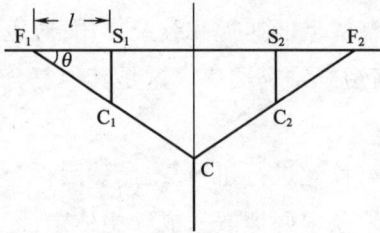

图 3.2.2　嵌入式复合纺纱系统
成纱区几何示意图

3.2.3　实现载体纺超高支纱的开发

进行超高支轻薄织物开发时,一般采用水溶性维纶长丝与毛纤维须条进行载体纺(伴纺)成纱,当所纺纱线织造成为织物后再将维纶长丝溶去。在普通环锭纺纱过程中,如果短纤维须条所包含的纤维量很少时,就会出现纺纱断头现象;为保证正常纺纱,普通纺纱三角区纤维须条截面内必须含有不少于 30 根的理论纤维含量[2],如图 3.2.3(a)所示;而在嵌入式纺纱系统中,由于外围长丝的保护和增强作用,并且通过纺纱长丝张力的调节,以及短纤维和长丝的合理配合,使得长丝承担更多的纺纱张力,短纤维承受的张力大大降低。这种情况下,在嵌入式纺纱系统中,短纤维须条中含有极少量的纤维量也能进行正常纺纱,而不会出现纺纱断头,如图 3.2.3(b)所示。因此用嵌入式纺纱方法可以生产出制作世界上最轻薄面料的环锭纺纱线,为高支轻薄织物的开发提供了有效途径和方法。

3.2.4　实现低品级纺纱原料纺高支纱

根据嵌入式复合纺纱系统能够大大降低纺纱所需纤维长度以及纤维根数的特点,使得那些在传统纺纱系统中只能用于纺制低品质的较粗纱线的纤维原料可以用于纺制支数更高、品质更佳的纱线,有助于纱线附加值的增加,实现产品的质量优化和升级。对比普通环锭纺(Ⅴ)、赛络纺(Ⅳ)、赛络包芯长丝复合纺

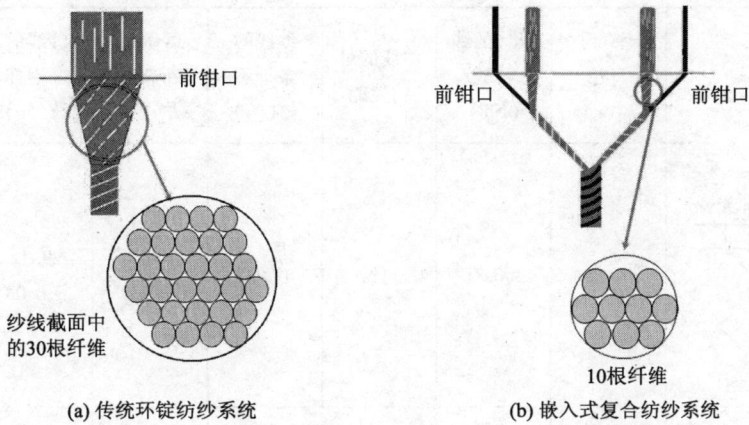

图 3.2.3　嵌入式复合纺纱系统生产超高支纱原理图

（Ⅲ）和嵌入式复合纺纱（Ⅰ、Ⅱ）在开发超高支纱时纤维可纺性能与成纱的性能，如表3.2.1所示可以看出嵌入式复合纺纱在采用水溶性维纶进行伴纺时能够稳定可靠地纺制高支短纤维的纱线，在制成面料后溶解水溶性维纶长丝可以实现超轻薄面料的生产。实践证明嵌入纺对长度较短或截面较粗的纤维原料生产轻薄面料具有较强的适用性。

表 3.2.1　设计的不同纺纱方法及其可纺性能与纱线特性

纺纱方式	毛纤维直径（μm）	设计的纱线支数（Nm）	纱线的可纺性能	纱线的条干不匀（%）	纱线的断裂强力（cN）	纱线的断裂伸长（%）	实际纱线支数（Nm）
	15.5	300s/1	可纺	10.68	144.6 ±4.6	33.27 ±2.93	303s/1

纺纱方式	毛纤维直径(μm)	设计的纱线支数(Nm)	纱线的可纺性能	纱线的条干不匀(%)	纱线的断裂强力(cN)	纱线的断裂伸长(%)	实际纱线支数(Nm)
II	15.5	300s/1	可纺	17.60	148.1±12.2	29.31±6.08	305s/1
III	15.5	300s/1	难纺	14.98	94.6±7.9	26.92±5.41	310s/1
IV	15.5	300s/2	难纺	23.95	30	4.4	320s/2
	15.5	320s/2	不可纺	—	—	—	
	14.0	300s/2	难纺	22.10	3.3	3.2	330s/2
	14.0	320s/2	不可纺	—	—	—	
V	15.5	300s/1	不可纺	—	—	—	—
	15.5	320s/1	不可纺	—	—	—	—
	14.0	300s/1	不可纺	—	—	—	—
	14.0	320s/1	不可纺	—	—	—	—

注 1. 表中 Nm 代表公支。

2. 纱线支数栏中,s/1 代表单纱,s/2 代表 2 股的股线。

对于表 3.2.1 中 300s/1 可纺的三种纺纱方法,我们将其纱线进行了测试,不同纺纱方法其纱线的条干特性如表 3.2.2 所示;可看出,与第一代嵌入纺(Ⅱ)和赛络包芯长丝复合纺(Ⅲ)相比,第三代嵌入纺(Ⅰ)所纺纱线条干均匀度较好,粗、细节较少。三种不同纺纱方法纱线的毛羽特征如表 3.2.3 所示,嵌入纺的 4mm 毛羽只有 6 根左右,而其他两种纺纱方法纺制纱线的毛羽在 13 根以上,这种差别在 1mm 毛羽上体现得更为明显。

表 3.2.2　不同纺纱方法其纱线的条干特性

纺纱方法	细结			粗结			棉结		
方法	−60% （个/km）	−50% （个/km）	−40% （个/km）	+100% （个/km）	+70% （个/km）	+50% （个/km）	+35% （个/km）	+200% （个/km）	+140% （个/km）
I	0	0	0	4	6	6	26	20	32
II	0	4	22	4	16	28	72	48	80
III	0	10	100	0	0	14	100	16	42

表 3.2.3　三种不同纺纱方法纱线的毛羽特征

方法	1	2	3	4	5	6	7	8	9
I	189.17 ±23.83	45.50 ±8.29	14.83 ±4.02	6.17 ±2.23	2.50 ±1.76	2.00 ±1.41	0.83 ±1.33	0.17 ±0.41	0.17 ±0.41
II	263.83 ±40.85	81.83 ±14.19	35.33 ±8.87	17.33 ±6.80	10.67 ±3.27	5.50 ±1.05	3.00 ±1.79	1.50 ±1.22	1.17 ±1.47
III	508.17 ±44.14	139.17 ±19.10	46.50 ±7.01	14.33 ±3.72	7.67 ±2.94	3.17 ±1.72	2.50 ±2.07	1.83 ±0.98	0.67 ±0.82

3.2.5　实现在环锭细纱机上纺制具有多花色品种的纱线

在嵌入式纺纱系统中，有四组纺纱组分，可以通过变化各组分的花色、原料品种、各组分喂入量、喂入张力以及组分的位置等因素，实现多品种、多组分、多花色的纱线纺制，使得细纱机突破了传统概念，可进行多花色品种纱线的开发和纺制。图 3.2.4 为嵌入纺实际纺纱系统成纱三角区内各组分在纺纱运动中的排列情况，图 3.2.5 为嵌入式复合纺纱系统所生产的具有多花色效应的嵌入式复合纺纱线。

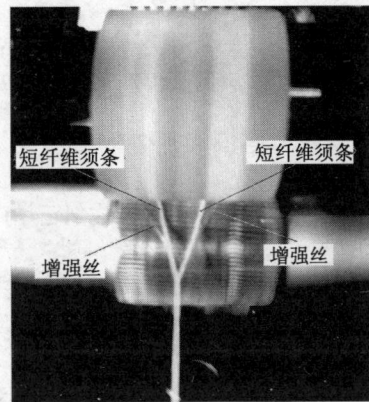

图 3.2.4　嵌入纺实际纺纱系统成纱三角区内各组分在纺纱运动中的排列情况

图 3.2.5　具有多花色效应的嵌入式复合纺纱线

3.3　嵌入式复合纺纱物理模型和力学剖析

3.3.1　嵌入式复合纺纱成纱三角区物理模型

嵌入式复合纺纱的四种原料在细纱机上的布置图如图 3.1.4(a)所示;四种原料在前罗拉输出位置的实际运行如图 3.2.3 所示。为深入分析嵌入式复合纺纱三角区各组分受力情况,将嵌入式复合纺纱成纱区进行简单的模型化,并分成 3 个区域:区域 1、区域 2、区域 3,如图 3.3.1 所示。短纤维须条在遇到外侧长丝时,会被长丝卷绕加捻一同带走,此过程中短纤维须条对长丝有一定的提拉作用,因此长丝在区域 1 中的运行路线并非直线,而是在汇聚点形成了一拐点,这在区域 2 和区域 3 中同样发生。

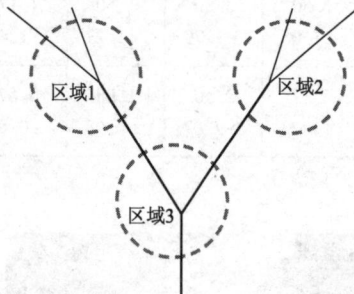

图 3.3.1　嵌入式复合纺纱原料
的实际运行模型

3.3.2　嵌入式复合纺纱成纱三角区各纺纱组分的力学分析

如图 3.3.2 所示,以区域 1 中原料组分的运行路线进行力学分析,其中 F_1 代表长丝的张力,F_2 为短纤维须条的运行张力,m_1 和 m_2 分别为长丝和短纤维须条的加捻扭矩,F_3 和 m_3 分别代表其构成复合体的张力和加捻扭矩。长丝 A 和短纤维须条 B 的运行速度分别为 v_1 和 v_2,它们构成的复合纱 C 的运行速度为 v_3,如图 3.3.3 所示。

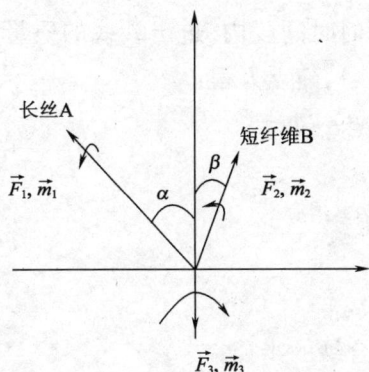

图 3.3.2 长丝和短纤维在区域 1 的受力分布情况

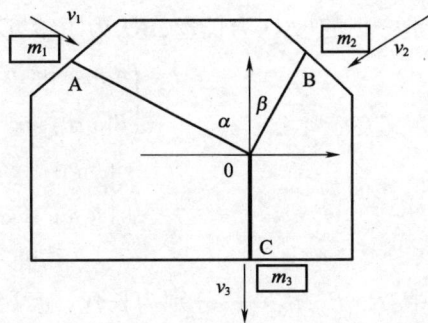

图 3.3.3 长丝与短纤维须条的运行速度

首先来考虑力学平衡方程,在理想状态下,我们来建立区域 1 的力学平衡方程。以合股纱为 y 轴,以垂直于复合纱的方向为 x 轴(图 3.3.2),建立方程如下:

$$\begin{cases} F_1 \cos \alpha + F_2 \cos \beta = F_3 \\ F_1 \sin \alpha = F_2 \sin \beta \end{cases} \tag{1}$$

$$\begin{cases} m_1 \cos \alpha + m_2 \cos \beta + R_1 F_1 \sin \alpha + R_2 F_2 \sin \beta = m_3 \\ m_1 \sin \alpha + R_1 F_1 \cos \alpha = m_2 \sin \beta + R_2 F_2 \cos \beta \end{cases} \tag{2}$$

式中:F_1——长丝的张力;

F_2——短纤维须条的运行张力;

F_3——复合体的张力;

m_1——长丝的加捻扭矩;

m_2——短纤维须条的加捻扭矩;

m_3——复合体的加捻扭拒;

v_1——长丝的运行速度;

v_2——短纤维须条的运行速度;

v_3——复合纱的运行速度;

α——长丝与上纵坐标的夹角;

β——短纤维须条与上纵坐标的夹角;

R_1——长丝的半径;

R_2——短纤维须条的半径;

R_3——复合纱的半径。

然后考虑图3.3.3还是一个运动的系统,在平衡的状态下,系统满足动力学守恒定律。图3.3.3为一质量控制体,在控制体内任何时间段内,进出纱线的质量、动量都是守恒的(AO为长丝,BO为短纱,CO为复合纱),建立方程:

$$\begin{cases} R_1^2\rho_1\pi v_1^2\cos\alpha + R_2^2\rho_2\pi v_2^2\cos\beta = R_3^2\rho_3\pi v_3^2 \\ R_1^2\rho_1\pi v_1^2\sin\alpha = R_2^2\rho_2\pi v_2^2\sin\beta \end{cases}$$

化简为
$$\begin{cases} R_1^2\rho_1 v_1^2\cos\alpha + R_2^2\rho_2 v_2^2\cos\beta = R_3^2\rho_3 v_3^2 \\ R_1^2\rho_1 v_1^2\sin\alpha = R_2^2\rho_2 v_2^2\sin\beta \end{cases} \tag{3}$$

$$R_1^2\rho_1 v_1 + R_2^2\rho_2 v_2 = R_3^2\rho_3 v_3 \tag{4}$$

式中:R_1,R_2,R_3——分别为长丝、短纤维须条、复合纱的半径;

　　　　ρ_1,ρ_2,ρ_3——分别为长纱、短纤维须条、复合纱的线密度;

　　　　v_1,v_2,v_3——分别为长丝、短纤维须条、复合纱的速度。

记长丝的单位长度质量为 $a = \pi R_1^2\rho_1$,短纤维须条的单位长度质量为 $b = \pi R_2^2\rho_2$,复合纱的单位长度的质量为 $c = \pi R_3^2\rho_3$,实际上 a,b,c 是长丝、短纤维须条、复合纱体的密度。

　　由方程(1)、方程(2)、方程(3)、方程(4)可以算出:

$$\begin{cases} v_3 = \dfrac{R_1^2\rho_1 v_1 + R_2^2\rho_2 v_2}{R_3^2\rho_3} = \dfrac{av_1 + bv_2}{c} \\ \cos\alpha = \dfrac{c^2 v_3^4 + a^2 v_1^4 - b^2 v_2^4}{2acv_1^2 v_3^2}, \sin\alpha = \dfrac{\sqrt{2a^2c^2v_1^4v_3^4 + 2a^2b^2v_1^4v_2^4 + 2b^2c^2v_2^4v_3^4 - a^4v_1^8 - c^4v_3^8 - b^4v_2^8}}{2acv_1^2v_3^2} \\ \cos\beta = \dfrac{c^2 v_3^4 - a^2 v_1^4 + b^2 v_2^4}{2bcv_2^2 v_3^2}, \sin\beta = \dfrac{\sqrt{2a^2c^2v_1^4v_3^4 + 2a^2b^2v_1^4v_2^4 + 2b^2c^2v_2^4v_3^4 - a^4v_1^8 - c^4v_3^8 - b^4v_2^8}}{2bcv_2^2v_3^2} \end{cases} \tag{5}$$

式中:a——长丝的密度;

　　　b——短纤维须条的密度;

　　　c——复合纱体的密度。

$$\begin{cases} \dfrac{F_1}{F_2} = \dfrac{av_1^2}{bv_2^2} \\ F_1 = \dfrac{av_1^2}{cv_3^2}F_3 \\ F_2 = \dfrac{bv_2^2}{cv_3^2}F_3 \end{cases} \tag{6}$$

$$\begin{cases} m_1 = \dfrac{\sin\beta}{\sin(\alpha+\beta)}m_3 + \dfrac{R_2 F_2\cos 2\beta - R_1 F_1\cos(\alpha-\beta)}{\sin(\alpha+\beta)} \\ m_2 = \dfrac{\sin\alpha}{\sin(\alpha+\beta)}m_3 + \dfrac{R_1 F_1\cos 2\alpha - R_2 F_2\cos(\alpha-\beta)}{\sin(\alpha+\beta)} \end{cases} \tag{7}$$

因为区域 1 和区域 2 是完全对称的,可知区域 2 得出的结论和区域 1 一样。

下面对区域 3 进行分析。类似于区域 1 的方法,我们建立坐标系,以成纱为 y 轴,以垂直于成纱的方向为 x 轴(图 3.3.4、图 3.3.5)。

在平衡状态下建立如下方程:

$$2F_3 \cos\theta = F \tag{8}$$

式中:θ——复合纱 1 或复合纱 2 与上纵坐标的夹角;

　　　F——复合张力。

$$2m_3 \cos\theta + 2R_3 F_3 \sin\theta = M \tag{9}$$

式中:M——复合纱的扭矩。

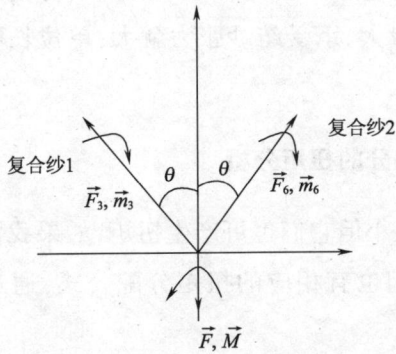

图 3.3.4　区域 3 内长丝和短
纤维受力分布情况

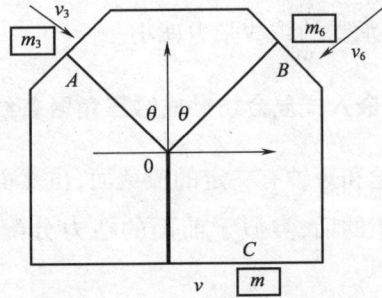

图 3.3.5　区域 3 内长丝与短
纤维须条的运行速度

$$2R_3^2 \rho_3 v_3^2 \cos\theta = R^2 \rho v^2 \tag{10}$$

$$2R_3^2 \rho_3 v_3 = R^2 \rho v \tag{11}$$

式中:R——复合纱的半径;

　　　ρ——复合纱的线密度;

　　　v——复合纱的速度。

由平衡方程(8)、方程(9)、方程(10)和方程(11)算出:

$$\cos\theta = \frac{2R_3^2 \rho_3}{R^2 \rho} = \frac{v}{v_3} \tag{12}$$

$$F_3 = \frac{R_3^2 \rho_3}{R^2 \rho} F \tag{13}$$

$$\sin\theta = \frac{\sqrt{R^4 \rho^2 - 4\rho_3^2 R_3^4}}{R^2 \rho} \tag{14}$$

$$m_3 = \frac{R^4\rho^2}{4R_3^2\rho_3 R^4\rho^2}M - \frac{2R_3^3\rho_3}{4R_3^2\rho_3 R^4\rho^2}\sqrt{R^4\rho^2 - 4R_3^4\rho_3^2}F \qquad (15)$$

由于原料实际运行的速度受多种因素的影响,作为理论分析,我们假设在三角区前端长丝和短纱的喂入速度是相同的,如果罗拉与胶辊形成的钳口夹持力很大,它们的输出速度理论上是一样的,即 $v_1 = v_2$;当然长丝的输出受到长丝退绕张力的影响,会存在滑移的现象,这种情况下长丝和短纤维须条的输出速度是不同的。这里假设 $v_1 = v_2$,我们可得到如下结果:

长丝与短纤维须条的受力分布情况,可以由公式(5)得出 $\dfrac{F_1}{F_2} = \dfrac{av_1^2}{bv_2^2} = \dfrac{a}{b}$, a , b 是长丝和短纱单位长度内的质量。也就是说长丝和短纤维须条纺纱张力的分配是由它们的单位长度质量来决定:单位长度内的质量大,承受纺纱张力就大;单位长度内的质量小,承受的纺纱张力就小。

3.3.3 嵌入式复合纺纱成纱三角区各纺纱组分的扭矩分析

长丝和短纱有一定的横截面,虽然面积很小但它们也可产生扭矩,如果我们忽略这个扭矩的话,类似于前面的扭力分配,它们也有相应的扭矩分配公式,通过计算可得:

$$\frac{m_1}{m_2} = \frac{av_1^2}{bv_2^2} \;;\; m_1 = \frac{av_1^2}{cv_3^2}m_3 \;;\; m_2 = \frac{bv_2^2}{cv_3^2}m_3$$

因为 $v_1 = v_2$,所以,长丝和短纱的扭矩分配也是由它们单位长度内的质量决定的:单位长度内质量大,承受纺纱扭矩就大;单位长度内质量小,承受的纺纱扭矩就小。

3.3.4 不同支数嵌入式复合纺纱受力分析

下面对长丝和短纤维须条单位长度内质量的两种不同分配情况进行深入分析。

1. 较粗短纤维须条嵌入式复合纺纱受力分析

在较粗短纤维须条嵌入式复合纺纱时,长丝单位体积的质量一般小于短纤维须条单位体积质量。根据3.2中所推导的公式可知,短纤维须条承受的纺纱张力远大于长丝纺纱张力;同时,短纤维须条的扭矩也远大于长丝所承受的扭矩。因此,在嵌入式复合纺纱技术生产较低支数的复合纱线时,三角区两短纤维须条上分配的捻度大于长丝所分摊的捻度,短纤维须条强力较高。这种情况下,对于左右任一区间而言(图3.3.6

圆圈内部),更多地呈现为较小张力的长丝包缠捻度较大的较粗短纤维须条(见图 3.2.4),使得大部分短纤维须条中的纤维头端被长丝捆绑,复合纱条外露毛羽降低;并在缠绕作用力下,长丝被上提,短纤维须条增强段增加,未增强纤维须条段减少(图 3.3.6 中, L_2 小于 L_1),因此纺纱断头率和纤维须条受到的意外牵伸也大大降低。

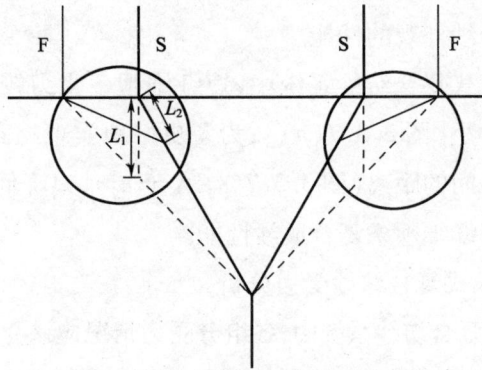

图 3.3.6 嵌入式复合纺纱技术纺制较粗短纤维须条各组分受力示意图
(实线为实际理论受力几何形状;虚线为理想的嵌入式复合纺纱几何模型)

2. 载体纺超高支嵌入式复合纺纱受力分析

采用水溶性维纶载体纺纱(伴纺)时,在超高支短纤维须条嵌入式复合纺纱时,假设长丝的单位体积质量大于短纤维须条单位体积质量。根据 3.2 中所推导的公式可知,短纤维须条承受的纺纱张力远小于长丝的纺纱张力;这种情况下,长丝承担了绝大部分的纺纱张力,对于超细柔弱短纤维须条是一种保护,避免短纤维须条发生断裂。

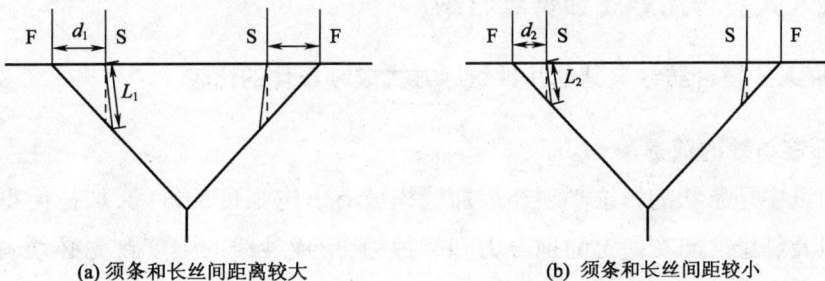

(a) 须条和长丝间距离较大   (b) 须条和长丝间距较小

图 3.3.7 嵌入式纺纱技术纺制超高支纱各组分受力示意图
(实线为实际理论受力几何形状;虚线为理想的嵌入式复合纺纱几何模型)

同时,短纤维须条的扭矩也远小于长丝所承受的扭矩,因此长丝分配了较多捻回;这种情况下,即使短纤维须条发生断裂,后续须条很快又被前方的加捻长丝卷绕到须条表面,实现断裂纤维须条的系统自动断头搭接。由此看出,嵌入式复合纺纱技术纺制超高支纱线时,断头率非常少,纤维成纱性能大大提高。在纺制高支纱时,更多地呈现为较小张力的短纤维须条包缠长丝,因此即使短纤维量很少,复合纱表面也能够很好地表现出短纤纱外观的性能。

由于在超高支嵌入式复合纺纱系统中,短纤维须条张力较小,且断裂强力较低,对长丝的提升作用非常小[图3.3.7(a)];为了更好地实现超高支纤维纺纱,建议缩小长丝和短纤维须条之间的距离(图3.3.7,d_1大于d_2),以降低未增强短纤维须条长度(L_2小于L_1),改善短纤维须条复合成纱性能。

3. 普通支别的嵌入式复合纺纱受力分析

普通支别的嵌入式复合纺纱系统中,各组分受力情况应该介于本小节(1)和(2)中所述情形之间。但绝大多数情况下,短纤维须条单位体积质量应该还是稍大于长丝单位体积质量,短纤维须条承受的纺纱张力也稍大于长丝的纺纱张力;同时,短纤维须条的扭矩略高于长丝所承受的扭矩,三角区两短纤维须条上分配的捻度大于长丝所分配的捻度,短纤维须条强力较高。在嵌入式复合纺纱技术生产普通支数的复合纱线时,长丝被捻回较多的短纤维须条小幅度提起,短纤维须条未增强纤维须条段减少,纺纱断头率和纤维须条受到的意外牵伸也大大降低。但这时的短纤维须条不像图3.3.6和图3.2.4中那么平直,而是也有一定的弯曲(图3.2.5)。这种情况下,对于左右任一区间而言(图3.3.1圆圈内部),更多地呈现为长丝和短纤维须条相互包缠,类似赛络菲尔纺,大部分短纤维须条中的纤维头端被长丝捆绑,复合纱条外露毛羽降低。

3.4 嵌入式复合纺纱成纱特点归纳

3.4.1 嵌入式复合纺纱与其他几种纺纱方式成纱条件的比较

1. 环锭纺纱的前提

三角区中须条状的纤维必须经过加捻构成有一定强度的纱线,加捻使得纤维内外转移以及纤维之间有一定的抱合力和摩擦力,形成纱线的强度首先必须满足卷绕所需要的纱线的强度,否则不能稳定连续地纺纱,卷绕所需要的牵引力来自于纱线的加捻。因此"牵引力"和加捻是同步实现的,不能够分开,足够的捻度是纺纱的必要条件。

2. 赛络纺纱

两根粗纱同时以一定间隔的距离喂入前罗拉和胶辊的握持区之间,形成类似股线的结构,捻度由股线的下端向上面传递,从而使得两根单纱有一定的捻度,两根粗纱须条在三角区由加捻形成有一定强度的单纱,从而连续可纺,单纱能够满足稳定纺纱的牵引力一样来自于足够的捻度,因此,"牵引力"和捻度也是同步实现的,足够的加捻捻度是前提。

3. 赛络菲尔纺纱

赛络菲尔纺纱是赛络纺的变异和前进,将赛络纺中的一根粗纱换成一根复合长丝就能够稳定地纺制长丝短纤复合纱,短纤粗纱和复合长丝之间可以有一定的距离,很多研究报道了它们之间的不同距离对所构成纱线的毛羽、强度、条干和捻度的影响,结论大致认为它们之间的距离为 8mm 左右时纺纱的性能最好。理论上来讲,长丝复合纱的主要强度可以由长丝提供,因此纺纱"牵引力"的来源可以是有足够强度的长丝,但是如前所述,纺最好质量的纱线时短纤维粗纱和喂入的长丝之间必须有一定的距离,构成在纺纱区形成 V 形短纤和长丝的形态,短纤维须条在前钳口必须有一定的长度与复合长丝接触,并在一定捻度的作用下形成有一定强度的暂时性的单纱,并且这个不太成形的单纱必须有足够的强度平衡复合长丝,否则不能形成稳定的 V 字形的三角区,从而短纤维的半成品单纱会断头。所以,虽然稳定纺纱时卷绕的"牵引力"可以不需要足够的捻度,但是 V 字形纺纱三角区的稳定需要短纤维单纱有足够的捻度,否则不能形成稳定的复合纱结构。也有在两根纱的基础上喂入第三根纱原料(短纤维或者长丝)的情况,但是还是需要短纤维纱在加捻中形成一个有强度的单一体系,并在全体体系中求得全体系统的稳定,依靠没有完全成形的单纱(短纤维纱或者长丝)自身强力维持系统的稳定是这种纺纱的最大问题。图3.4.1 是长丝复合纱在前罗拉输出口靠动态平衡形成的纺纱 V 形状态,这个状态很容易受短纤维成纱性能的不同而打破。

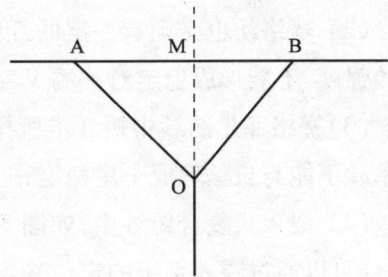

图 3.4.1　赛络菲尔纺纱
技术的 V 形原理图

4. 嵌入式复合纺纱

在嵌入式复合纺纱中,四根纱线的体系内,外侧的两根长丝首先形成了稳定的大三角区平台,与赛络菲尔纺纱有很大的不同,后者是靠短纤维在加捻体系中形成一根单纱的强度,它与对称的长丝在动态中形成平衡的 V 字形(AOB)纺纱形态,而嵌入式复合纺纱中外面两侧的长丝首先构成了一个很大的 V 字形安全三角区(AOD),在这个三角区内可以实现很多常规状态下不能实现的纺纱,可以在这个大的三角区内喂入短纤维须条一同纺纱,也可以喂入长丝。如图3.4.2所示,AO 与 OD 这两根长丝能够形成有效的三角保护区,理论上平台内可以喂入各种不同的原料,目前,我们只是简单地喂入 BE 和 CF 两个粗纱形成的短纤维须条,这主要是受实际纺纱工艺的限制,不能喂入太多的单纱粗纱个数,因为喂入太多粗纱将要增加细纱机上的粗纱吊挂系统,退绕的控制也会变得更复杂,BE 和 CF 这些短纤维只要接触到长丝就会被带走,加捻只是为了带走短纤维并形成一定的夹持力,加捻不是稳定纺纱卷绕力与牵引力的必要条件,这是与纯短纤维环锭纺纱的根本不同。

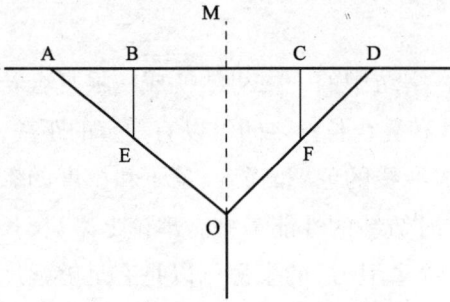

图3.4.2 嵌入式复合纺纱的简单模型

3.4.2 不同纺纱方式成纱纤维长度要求的对比

(1)如第一章中的详细分析,普通环锭纱必须有足够的纤维长度及其整齐度,否则不能被加捻构成有一定强度的纱线。

(2)赛络纺也必须有一定的纤维长度,否则在形成股线前的单纱不能有足够的单纱强度,不能形成稳定对称的 V 字形股线纺纱形式。

(3)赛络菲尔纺纱中短纤维所构成加捻须条也应该有一定的纤维长度,否则构成的单纱不能与长丝形成一定稳定张力的 V 形纺纱区域。

(4)嵌入式复合纺纱中,如图3.4.2所示,BE 和 CF 可以分别向 A 点和 D 点移动,这可以通过喂入系统的定位来实现,从前钳口吐出的纤维须条 BE 和 CF 只要能够与 AO 和 DO 相遇,理论上就会被正在传递捻度的 AO 和 DO 带走,并同时被捻入到长丝中,然后在 O 点相遇并被夹持的方式捻入到股线中,当 BE 和 CF 向两侧移动时,要求的纤维的长度可以越来越短,同时短纤维可以不需要太高的强度,纤维的强度较低时也可以被捻入到纱线中,这与前面三种纺纱方式有非常原理性的不同,因此理论上,只要短纤维能够在前纺阶段制备成条,在细纱阶段就能够采用嵌入式复合纺纱的方法进行纺纱。

3.4.3　不同方式成纱纤维强度要求的对比

（1）普通环锭纱必须有足够的纤维强度及其整齐度，否则不能被加捻构成有一定强度的纱线，因为纤维强度是构成纱线强度的主体来源，纤维强度不够，就不能满足加捻的要求，即使能构成纱线，在卷绕的过程中也会被拉断。

（2）赛络纺中纤维也必须有一定的强度，否则在形成股线前的单纱不能有足够的单纱强度，不能形成稳定对称的 V 字形纺纱平台。

（3）赛络菲尔纺纱中短纤维所构成加捻须条也应该有一定的纤维强度，否则构成的单纱不能与长丝形成稳定张力的 V 形纺纱区域。

（4）嵌入式复合纺纱中，如图 3.4.2 所示，这与前面三种纺纱方式有非常原理性的不同，纤维只要有能够满足被带走的强度就可以成纱了，纱线的主体强度由两根加强长丝来实现。

3.4.4　系统定位是嵌入式复合纺纱的特点也是关键所在

嵌入式系统定位的纺纱原理如图 3.4.2 所示，系统定位的原理是四种纱线的原料 AO、BE、CF、DO 都在前钳口与胶辊与罗拉夹持线的后侧有非常严格的措施来实现定位，中心线是 MO，一般而言，AO 和 DO 是有足够强度的长丝，它们形成了强有力的大三角平台，根据最终纱线性能设计的不同和原料性能的不同，它们也可以是长丝或者其中的一根是长丝而另外一根是短纤纱，或者两根都是短纤纱，平台内部短纤维须条 BE 及 CF 也可以有很多的变化类型。四个原料通道严格定位可以实现很多的不同纱线结构，定位的最大优点是可以将这个系统设定在稳定的状态，而不是像常规的赛络菲尔纺纱方式一样，依靠系统自己寻找稳定的状态。实践证明环锭细纱机上有足够的空间来悬挂四个纱线的原料以及实现它们的定位。

正因为有了系统定位，实现了长丝承担主体的牵引力和实现了短纤维须条在平台的内侧，才实现了短纤维嵌入在成纱之中的结构。四个通道来源的短纤维须条或者长丝在不同的定位状态下可以实现纤维在纱线中的不同状态，但有一点可以肯定的是，短纤维在长丝中稳定的被来自两个方向来的（AO 和 DO）长丝夹持，并且被嵌入在其中，这与赛络菲尔纺纱中短纤维的固定方式有很大的不同，"嵌入式"这个名词来源于计算机的嵌入式的软件和硬件设计，表示它们精致小巧、密不可分、成为一个互相弥补的有机体系，通常"嵌入式"的设计是在一个大的平台上进行的，而我们发明的这个纺纱平台实际上是两个长丝形成的稳定的 AOD 三角平台，在这个平台的内部我们实现不同的结构和原料的纺纱,而这些短纤维是以一种完全不同于短纤维环锭纺纱中纤维转移方式的形式存在的,牢度更好,纤维被嵌入式夹持的方式在其中进行内外转移,并被牢固的定位。

3.4.5 降低纤维丢失及提高纺纱三角区稳定性

嵌入式复合纺纱采用外围两根长丝作为保护,形成三角大平台;短纤维须条在大三角平台内进行喂入,能够有效阻止纤维在纺纱过程的丢失。

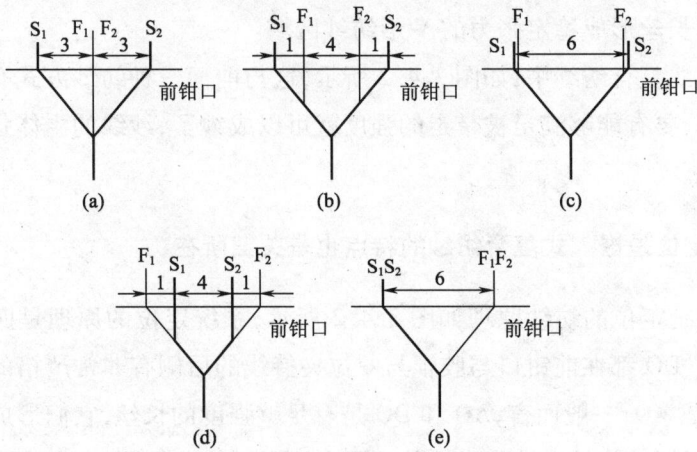

图 3.4.3 不同纺纱方法的成纱三角区示意图
(a)赛络包芯长丝复合纺;(b)第一代嵌入式复合纺;
(c)第二代嵌入式复合纺;(d)第三代嵌入式复合纺;(e)赛络菲尔纺

为验证嵌入式复合纺纱过程有效阻止纤维的丢失,本节设计不同纺纱方式在环锭细纱机有笛管吸风条件下进行复合纺纱,其中不同复合纺纱方法的成纱三角区如图 3.4.3 所示。实际纺纱效果表明,除第三代嵌入式复合纺纱,其他几种复合纺纱方法在实际纺纱过程中,成纱三角区内的短纤维都有被负压笛管吸风吸走的现象(图 3.4.4)。

这种纺纱过程中,短纤维容易丢失,对于比较贵重的纤维原料(如羊绒等纤维)纺纱是非常不适宜的;且这种纤维丢失现象会导致纱支变化和成纱质量下降。在表 3.4.1 所示的不同纺纱方法纱线百米重量对比中,赛络包芯长丝复合纺纱和赛络菲尔纺纱所纺纱线的百米重量最低,说明在其成纱过程中,纤维的丢失最多,纤维利用率最低;其次第一代和第二代嵌入式复合纺纱纱线百米重量也略有降低,表明短纤维在

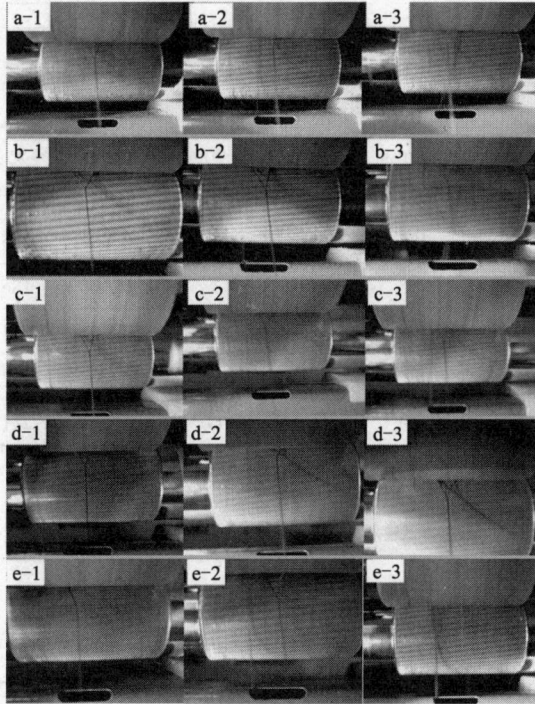

图 3.4.4 不同纺纱方法实际纺纱过程中成纱三角区稳定性对比

(a)赛络包芯长丝复合纺纱;(b)第一代嵌入式复合纺纱;(c)第二代嵌入式复合纺纱;

(d)第三代嵌入式复合纺纱;(e)赛络菲尔纺纱

纺纱过程也有丢失现象。这种纤维随机丢失必然会导致短纤维在复合纱长度方向质量分布的差异性增加,复合纱线条干均匀度有所降低;且这种短纤维沿复合纱线的分布不匀率增加,会导致复合纱线的纱线疵点(如粗节、细节和棉结)等增加(表3.4.2)。由此可见,第三代嵌入式复合纺纱技术,有效阻止短纤维在纺纱过程的丢失,有效地实现短纤维须条的高品质复合纺纱。

表 3.4.1 不同纺纱方法纱线百米重量对比

对比项目	纱线百米重量（g/100m）
赛络菲尔复合纺纱	2.583 ±0.011
第一代嵌入式复合纺纱	2.610 ±0.011
第二代嵌入式复合纺纱	2.682 ±0.008
第三代嵌入式复合纺纱	2.693 ±0.005
赛络菲尔纺纱	2.549 ±0.017

表3.4.2　不同纺纱方法纱线疵点对比

	条干CV（%）	细节/400mm			粗节/400mm			棉结/400mm	
		-60%（个/km）	-50%（个/km）	-40%（个/km）	+70%（个/km）	+50%（个/km）	+35%（个/km）	+400%（个/km）	+200%（个/km）
a	24.44	71	186	444	6	58.00	205	3	19
b	20.58	43	135	449	1	36.00	186	0	5
c	20.05	23	108	357	3	37.00	124	1	8
d	18.46	12	60	305	0	11.00	122	0	0
e	26.41	96	210	462	17	66.00	231	12	34

注　a—赛络包芯长丝复合纺纱；b—第一代嵌入式复合纺纱；c—第二代嵌入式复合纺纱；d—第三代嵌入式复合纺纱；e—赛络菲尔纺纱。

参考文献

[1]Weilin Xu,Zhigang Xia,Xin Wang,Jun Chen,Weigang Cui,Wenxiang Ye,Cailing Ding and Xungai Wang. Embeddable and locatable spinning,*Textile Res. J.* 81(3)：223－229 (2011).

[2] R. ,Liu. Discussion and Application of the Fiber Root Number Calculation Formula in Fine Yarn Section,Journal of Zhejiang Textile & Fashion College (4)：14－41 (2008).

第4章　普适性嵌入式复合纺纱设备

由于嵌入式复合纺纱技术的先进性和独特创新性,目前国内许多毛纺、麻纺及棉纺企业针对自己不同的需求及条件自行研制了相关嵌入式纺纱设备,开发了超高支纯麻、纯毛及不同原料的多花色品种的纱线及面料。我们发现不同生产厂家对细纱机的改造方法差别很大,为了嵌入式纺纱技术的推广和纺织工业大规模的开发与应用,研制具有广泛适应性的嵌入式复合纺纱的装备具有十分重要的意义,这样可以逐步规范嵌入式纺纱的生产方法,形成标准化的装备以及逐步形成标准化的操作和生产技术,有了普适性的装备,将会有更多的企业探索不同纤维原料及不同纱线品种的生产技术,该技术也更容易被企业接受。

在与不同生产厂家合作应用嵌入式纺纱技术的过程中,我们针对棉、毛、麻等不同的原料和相关的设备工艺性能要求做了大量的实验,并在指导棉、毛、麻及缝纫线工厂进行产品开发的过程中,积累了大量的经验,并把有关的经验进行了不断地总结,在进行嵌入式复合纺纱装备的研制过程中也得到了很多纺织厂家的大力支持。

嵌入式复合纺纱技术两根长丝在外侧,两根粗纱在长丝内侧,四种原料"系统定位"是措施,成纱类似股线的体系是纤维被固定的结果。根据嵌入式复合纺纱独特的设计可以知道,嵌入式复合纺纱系统中数量众多的原料必须妥善吊挂和准确喂入;长丝原料必须有一定的张力控制;实际生产中还要注意各种原料的断头检测问题,因此嵌入式复合纺纱装备必须考虑以上几个方面的系统要求。同时,纺纱工程是一个复杂的系统工程,考虑到在设备研制过程中尽量利用现有的纺纱技术成果,在继承的基础上进行创新,尽可能减少研制的劳动量和纺织厂装备更新所需要的经费。

4.1　嵌入式复合纺纱装备应具备的功能

为了将嵌入式系统定位复合纺纱方法推广应用,不同生产厂家技术人员在设备改造和工艺优化方面做了大量的工作。最初在赛络菲尔环锭纺细纱机上,将两个锭子导纱部件通过在纺纱前口导丝钩喂入两个长丝,试验验证可以实现成纱,但是这种方法纺纱效率非常低,同时纱线存在很多质量问题(表4.1.1),根据这些问题制定了应该采取的解决措施。

表 4.1.1　纱线质量问题及原因分析

纱线质量问题	造成的原因	采取的措施
纱线表面不匀滑	两根粗纱和两根长丝喂入不平行,张力不一致	1. 增加粗纱喂入系统 2. 增加长丝喂入系统,实现长丝主动喂入控制
纱支偏粗	双粗纱、双丝喂入,牵伸受到局限	改造细纱机牵伸装置,设计牵伸齿轮的传动比,大幅度提高牵伸倍数
纱线结构不匀称	双粗纱、双丝喂入位置变动且张力变化大,有时出现打绞现象	1. 研究双粗纱、双丝准确定位系统 2. 研究双粗纱、双丝张力控制系统 3. 研究导丝导条控制系统
出现缺丝、缺毛现象	双粗纱、双丝出现断头不停车	研究打断检测系统,实现断头指示

通过对传统环锭纺细纱机结构的研究,应该增加五大控制系统和两大装置改造,从而实现嵌入式系统定位复合纺纱的技术原理,按照功能分块技术实施汇总如表4.1.2。按照这样的原理和技术目标进行装备改造的结果如图4.1.1、图4.1.2所示。

表 4.1.2　设备改造总体方案

创新项目	目的与作用	任务指标
原料喂入系统	合理利用空间,实现粗纱和长丝合理排布	排布合理,长丝实现主动喂入
张力控制系统	对喂入长丝进行稳定张力控制	可以实现张力稳定,并能根据需要进行调节控制
准确定位系统	准确将粗纱须条和长丝按照技术要求位置喂入	实现技术定位要求,根据要求可以适当调整长丝与粗纱须条相对位置
导丝导条系统	理清粗纱、长丝运行路线,防止运行中打绞断头	运行线路清晰,不产生交叉打绞,根据要求可调节相对位置
牵伸装置改造	扩大牵伸倍数,实现超高支牵伸技术要求	使原有的牵伸倍数提高以适应超高支纱的生产,如由最高 47 倍提高到 87 倍
导纱钩装置的改造	降低导纱钩到三角区的焦点处形成的小气圈直径,有利于纱线捻度上传	使小气圈直径小于 5mm

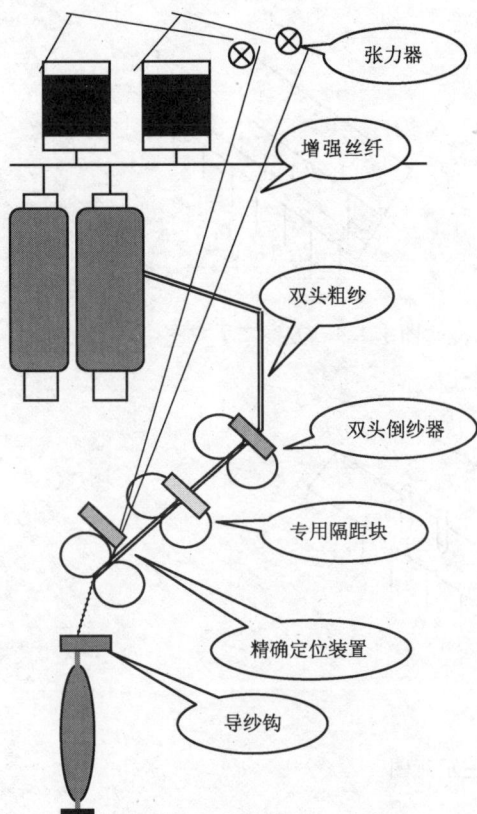

图 4.1.1　改造方法图示

图 4.1.2　改造细纱机的原料放置情况

张力器

增强丝纤

双头粗纱

双头倒纱器

专用隔距块

精确定位装置

导纱钩

4.1.1　原料喂入系统

环锭纺细纱机原料喂入系统改造前每个锭子属于单根纤维须条喂入,结构比较简单,但改造后要变成 4 根纤维须条喂入,需要对原喂入系统进行重新布置或增加装置。

环锭细纱机粗纱位置比较集中,空间相对狭小,在原位置进行改造显然不科学,难免会产生粗纱与增强纱空间排布问题,运行线路纠缠不清,张力难于控制,不利于退绕。因此,设计一个紧凑、合理、退绕均匀的粗纱定位装置是改造的难点。

在粗纱位置的改造上,有三个不同的方案:方案 1 是在竖梁位置加装插纱装置配套设施(图 4.1.3);方案 2 是在原吊锭位置增加一排插纱装置及其配套设施(图 4.1.4);方案 3 是在原吊锭上部增加插纱装置及其配套设施(图 4.1.5)。

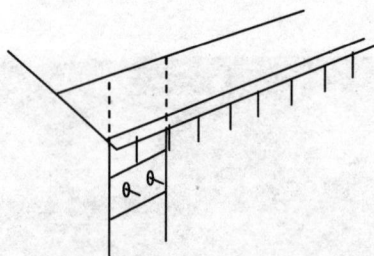

图 4.1.3　方案一示意图　　　　　　　图 4.1.4　方案二示意图

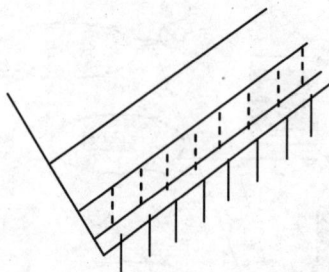

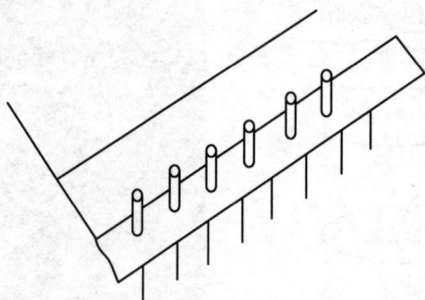

图 4.1.5　方案三示意图

　　方案 1 在实施过程中,退绕遇到了一定的难题。一方面,增强纱在退绕过程张力时松时紧,导致增强线管晃动,而且,如果增强纱是较光滑的长丝,则导致增强丝一层一层脱落,出现了较严重的搭接和干扰。

　　方案 2 是在原吊锭位置两内侧增加新的插纱架,这样改造之后,在原本并不宽敞的吊锭区显得拥挤,而且四只要喂入的粗纱相互干扰。为解决相互干扰问题,在纱线通道上增强了分丝装置。这种方式比第一种方式有了一定的改进,但却导致了狭小空间内的纱线及各种装置过多,为生头及其他操作带来很大的不便。

　　方案 3 是在前两个方案的基础上进行的改进。经过仔细测量精密计算,采用合理分层排列的方法,将新增加的纤维增强丝筒子固定位置放置在粗纱吊锭横梁的上面。根据细纱机锭距的大小,合理分配纤维增强丝筒子的固定位置,同时配备可调节张力装置,使增强丝的退绕均匀,达到了很好的效果。

　　增强丝如果被动喂入,在退绕过程中会产生张力变化,有时张力过大产生"崩纱"现象,造成增强丝乱纱或粗纱和增强丝缠绕现象,不利于正常纺纱。增加双辊主传动牵引增强丝退绕来实现增强丝运行过程的主动喂入,有利于纺纱过程增强丝的张力控制与调节。

4.1.2 导丝导条系统

粗纱吊挂位置和增强丝筒子的固定位置设计安装好后,需要对粗纱和增强丝的运行通道(即导丝导条系统)进行设计,由于增强丝筒子固定在粗纱架的上面,增强丝经过退绕后到最后的并合位置距离较远,增强丝工艺路线较长,再加上在同一平面的纤维根数较多,运行过程中容易互相绞缠,造成断丝影响纱线质量。对于增强丝的退绕,根据筒子纱线的退绕特点,增强丝从卷装筒子的退绕引出点最好是卷装筒子的中心点,因此必须设计安装增强丝的导丝装置(导丝杆或者导丝钩),退绕时限制增强丝在卷装筒子中心的退绕,以保证退绕阻力最小,增强丝退绕运行顺畅。

粗纱的喂入要保证与在牵引区内受到的牵引力方向一致,由于在后牵伸辊同时喂入两根粗纱,一般间隔距离为8mm,传统喂入在牵伸区内非常容易混合。为了保证双粗纱平行喂入牵伸形成双须条,经过多次试验,在细纱机后牵伸辊处增加一个双口导条器,有效实现粗纱平行喂入牵伸区形成独立的双须条。

4.1.3 须条及其丝纱的准确定位系统

正如理论分析所述,本技术是建立在喂入四种原料相对位置准确稳定的基础上,没有准确稳定的定位,外侧的长丝体系就不能有很好的强力保障,不能保证三个加捻三角区的形成和稳定;没有准确稳定的定位,设计的多组分复合结构的纱线就不能达到预期效果,因此设计和加工合理的短纤维粗纱和长丝导丝定位装置是本技术应用的关键。

粗纱和增强丝经过喂入系统后,进入牵伸系统,为了确保纱线的运行线路准确稳定,需要对后罗拉的喂入集合器进行改造,重新设计一种专用的双头后区集合器(图4.1.6),根据需要准确调整集合器导丝孔的中心距,确保两根粗纱进入后罗拉时粗纱须条的中心距离,粗纱经过后罗拉后,进入最为重要的粗纱纤维牵伸区域;同时在中罗拉喂入前设计增加一个专用精确隔距块(图4.1.7),保证进入牵伸区域的粗纱须条中心

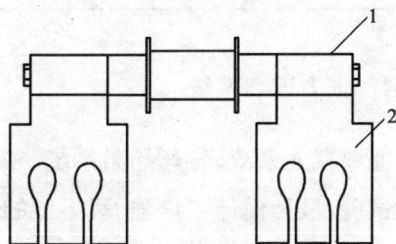

图4.1.6 专用集合器外形

图 4.1.7 定位器外形

图 4.1.8 张力调节器

距的稳定性。粗纱经过牵伸后,进入前罗拉,然后进入加捻区,在前罗拉前面,喂入需要的纤维增强丝,增强丝和纤维的间距,根据需要调整,进入加捻区后和粗纱须条并合,同时加捻形成多组合的纱线。为了精确控制加捻三角区的大小,专门设计了纱线精确定位导丝装置(图4.1.8),该装置可以根据需要随意调整加入增强丝的喂入位置,来调整加捻三角区的大小、形状,以适应不同工艺的需求。使用须条及其丝纱的准确定位系统效果对比如表4.1.3所示。

从表4.1.3可以看出,使用精确定位系统,纱线质量明显得到改善。这主要是由于精确定位系统的存在,保证了喂入的各种原料之间相对位置稳定,从而保证了小三角区张力稳定,纺制的成纱中真丝的包缠效果可与设计要求保持一致。

表 4.1.3 羊毛 + 16.66dtex(15D)真丝嵌入式复合纱线效果对比

纱线	未使用精确定位	使用精确定位
小三角区	3mm 内波动	0.5mm 内波动
成纱条干(CV,%)	16.1	14.7
成纱毛粒	28.7	6.5
成纱包缠效果	有"跑单丝"现象	包缠均匀
成纱外观	明暗变化	色光一致

4.1.4 张力控制系统

原料喂入系统、导丝导条系统、须条及其丝纱的准确定位系统改造完成后,经过运行试验,虽然设计了增强丝、粗纱的运行线路,但由于增强丝的退绕处于自由状态,并且增强丝工艺通道太长,增强丝质量太轻,容易随风飘动,造成增强丝、粗纱间的相互纠缠,造成断头多、纱线缺丝等问题。更重要的是,调节增强丝张力大小,生产的纱线结构产生很大变化。试验表明当控制增强丝保持在一定张力的情况下,粗纱须条和增强丝形成比较均匀的缠绕,增强丝张力变大后,在粗纱须条和增强丝缠绕时,增强丝受张力影响向纱线内部转移,短纤维大部分聚集到纱线外部,纱线外观毛羽较大,纱线条干和光洁度较差;相反张力变小,增强丝向外部转移,包缠效果较好,纱线条干和光洁度较好,但蓬松度和柔软度差。经过多次试验研究,设计一套可调式张力控制系统,将其安装在增强丝的运行通道中,该装置可以随意调节增强丝张力的大小,保证了增强丝运行中的张力恒定,增强丝在运行过程中不再漂移,杜绝了增强丝、粗纱间的相互纠缠,增强丝运行线路统一,方便操作。同时可通过调节增强丝运行张力,使长丝与短纤维产生不同的包缠效果,从而生产加工不同风格的产品。

4.1.5　牵伸装置的改造

嵌入式复合纺纱的一个最大特点就是可以纺轻薄面料需要的超高支纱,由于极限高支纺纱的牵伸倍数大,因此需要对细纱机的牵伸传动装置进行一系列的改造;根据所需要纺制的成纱支数,计算设计牵伸齿轮的传动比,制造加工特殊的传动齿轮,如使原有的牵伸倍数由最高 47 倍提高到了 87 倍左右,使粗纱条得以顺利牵伸,由此实现极限高支纺纱的需要。

4.1.6　导纱钩装置的改造

从图 4.1.9 可以看出,当环锭细纱机加 Z 捻时,钢丝圈及气圈沿顺时针方向回转。当导纱钩直径太大时,纺纱气圈在导纱钩内圈的纱条将被反向搓捻,导纱钩直径愈大,纱条反向搓捻捻数将越多,减少了捻度向上传递的数量;而且导纱钩内径太大

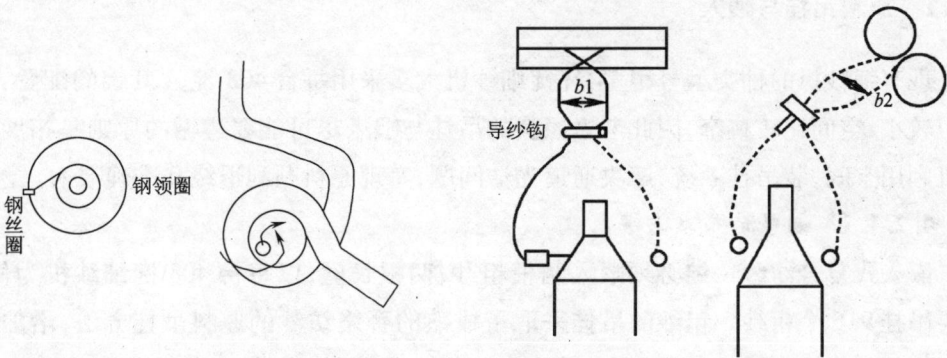

图 4.1.9　捻度传递示意图

时,导纱钩至前罗拉皮辊输出加捻三角区之间的小气圈的横向振幅 $b1$ 显著大于纵向振幅 $b2$,造成加捻点张力的周期波动幅度过大。适当减小导纱钩内径,不仅减少了退捻数,而且减小了张力波动幅度,这对纱线捻度传递和加捻三角区的稳定是有利的,表 4.1.4 的试验结果也证明了这一点。

表 4.1.4　导丝钩孔径对纱线断头的影响

导丝钩孔径(mm)	小气圈直径(mm)	细纱断头率(次/kdh)
10	12	120
5	6	60
3	5	35
2	3.5	35

从以上试验数据表明,小孔径导丝钩可以有效降低纺纱气圈的直径,有利于降低细纱断头率,当孔径达到 3mm 时,细纱断头率已经非常低,因此选择优质瓷性材料研制加工成孔径 3mm 的导丝钩替代传统环锭纺导丝钩,经实验证明纺纱质量好,断头率低。

4.2　普适性嵌入式复合纺纱装备

上节所述细纱机改造方案主要是针对毛纺设备进行的,毛纺设备因为细纱机空间大,锭间距大,纺纱速度也较低,所以改造相对比较容易,如果将这些改造方案移植到棉纺细纱机上,则有很多方面显得不适应,所以研制具有普适性的细纱机改造方案主要是针对棉纺设备进行的。

4.2.1　原料吊挂与喂入

现有细纱机的种类型号很多,环锭细纱机大多采用每台 408 锭、420 锭的配置,其锭距较小,空间比较狭窄,因此考虑原料的吊挂与喂入尽可能要遵循的原则是拓展细纱机利用空间,装吊挂系统,解决通道光洁问题,实现原料顺利退绕和准确喂入。

4.2.1.1　粗纱的吊挂与喂入

嵌入式复合纺纱一锭必须喂入两根粗纱,两根长丝,以每台 408 锭细纱机为例,需要吊挂 916 个粗纱。粗纱的吊挂采取了成熟的赛络纺纱的原料吊挂方法,增加细纱 T 字梁的宽度,将 3 根粗纱吊杆增加到 4 根,合理布置吊锭在粗纱吊杆的分布位置,有利于粗纱顺利退绕,不相互影响,图 4.2.1 是嵌入式纺粗纱定位的俯视图。

4.2.1.2 长丝的放置及张力控制

1. 关于长丝的放置及张力控制装置的思考

嵌入式复合纺纱一锭必须喂入两根长丝。
现在化纤厂生产出来的长丝卷装有粗纱管状、筒
子状,还有氨纶小筒卷装等形式。如果是粗纱管
状、筒子状的卷装需要的放置空间特别大,同时
长丝的喂入张力也需要控制,更是需要很大的空
间,这对现有空间紧张的细纱机而言非常困难,
因此长丝的放置及张力控制装置如果分开设计
困难很大。考察研究氨纶包芯纱装置的特点发

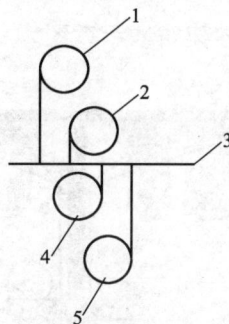

图 4.2.1　嵌入式纺粗纱定位的俯视图
1,2,4,5—粗纱　3—导纱杆

现,氨纶积极喂入装置目前较普遍采用的是在细
纱机上加装一对积极喂入罗拉,芯丝放在其上,靠摩擦来完成退绕。积极喂入罗拉的
传动是通过细纱机前罗拉轴端加装的链轮(或齿轮),按一定的牵伸比率带动过桥
轮,再由交换链轮(或齿轮)来传动的。研究发现氨纶包芯纱装置具有长丝放置和长
丝积极退绕及张力积极控制的特点,将长丝的放置、退绕及张力控制等功能融为
一体。

2. 长丝的放置及张力控制装置的方案确定

初步确定采用氨纶包芯纱长丝退绕方式后,由于长丝的数量比一般氨纶包芯纱
个数增加了一倍,设想采取双层辊筒式长丝喂入粗纱架以解决嵌入式复合纺纱长丝
的放置及张力控制的问题。研究发现:虽然双层辊筒式长丝喂入粗纱架能够解决嵌
入式复合纺纱长丝的放置及张力控制的问题,但是同时也出现了粗纱架升高,不利于
挡车工操作和长丝退绕线路复杂的问题。在此基础上考虑了采用单层氨纶积极输送
装置,一个包芯纱长丝筒上卷绕 2 根长丝的办法,退绕时 2 根长丝一起退绕。这套输
送装置由每面一对滚筒,滚筒托架,隔筒片等组成。但研究发现产生了一个新的问
题,一个包芯纱长丝筒上卷绕 2 根长丝,退绕时 2 根长丝一起退绕可能会相互打搅。
为了解决这个问题,在气流纺纱机上进行了卷绕试验,经过手工退绕和氨纶包芯纱装
置的退绕实验,发现可以做到 2 根长丝积极退绕,相互之间不打搅。为了彻底解决 2
根长丝之间不相互打搅的问题提出了长丝退绕相位差概念。其主要思想是保持一根
长丝位置不变,将另外一根长丝多退一圈,这样就使 2 根长丝的退绕位置不在同一层
的位置上,2 根长丝产生一个相位差,大大减少了 2 根长丝相互打搅的问题。最终确
定了嵌入式复合纺纱设备长丝放置主要采取单层氨纶包芯纱辊筒和一筒双丝喂入的

方式。图4.2.2是双层辊筒式长丝喂入粗纱架示意图,图4.2.3是单层辊筒式长丝喂入粗纱架纺纱示意图。

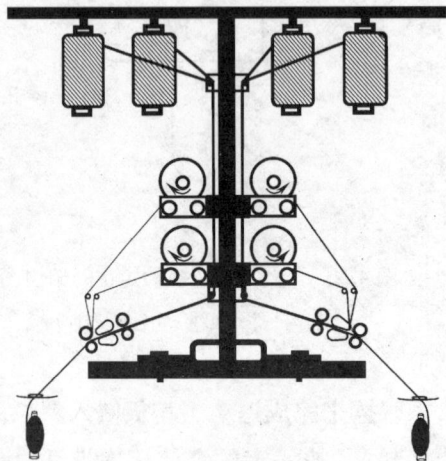

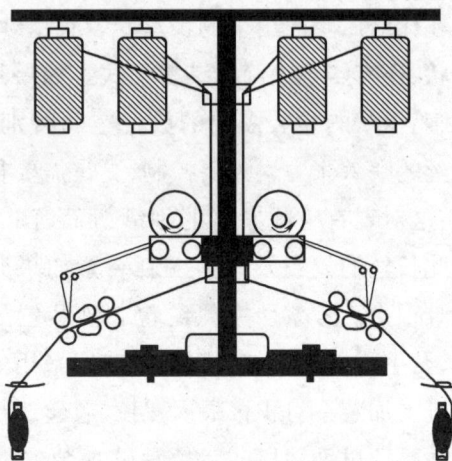

图4.2.2　双层辊筒式长丝喂入粗纱架示意图　　图4.2.3　单层辊筒式长丝喂入粗纱架示意图

4.2.2　嵌入式复合纺纱长丝张力控制

传统氨纶包芯纱的氨纶由于其弹性大,纺纱预牵伸取3.7倍较为合适。而涤纶、水溶性维纶、锦纶等化纤长丝弹性较小,如果采用传统的氨纶张力退绕,会产生大量的断头,产品质量也得不到保证。

1. 实验工艺条件及成纱质量测试分析

使用了线密度为3.2 g/10m黑色毛粗纱和40D白色涤纶长丝,采取21.4倍总牵伸倍数,细纱锭子转速8900r/min,长丝间距12mm,长丝与毛粗纱间距4mm,预计成纱38.78tex、捻度74 捻/10cm;在以上工艺条件下,选择长丝预加张力分别为0.49cN、0.98cN、1.47cN、1.96cN、2.45cN进行纺纱试验,并进行纱线性能测试。经过分析可知:涤纶长丝的预加张力影响了嵌入式复合纱中纤维的内外转移过程,成纱的结构和状态及成纱的强伸性能和条干水平。在纺制38.78tex毛/涤长丝嵌入式复合纱时,涤纶长丝预加张力为1.96cN时复合纱强力伸长性能、条干CV 值等较为理想。

经过测试30D的涤纶长丝在张力为1.96cN时,细纱机前罗拉与长丝滚筒的线速比为1.04∶1左右较为适宜。

2. 嵌入式复合纺纱长丝张力控制装置传动工艺设计

图 4.2.4 是长丝积极式退绕控制装置示意图,图中 Z_1、Z_2、Z_3、Z_4 分别为传动链轮。

根据 FZ501 细纱机传动图可计算出前罗拉与积极喂入滚筒之间的线速比 i。

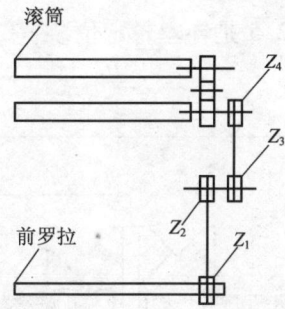

图 4.2.4　长丝积极式退绕控制装置示意图

$$i = \frac{前罗拉线速度}{滚筒线速度} = \frac{Z_2}{Z_1} \times \frac{Z_4}{Z_3} \times \frac{28}{60}$$

其中: $Z_1 = 13$, $Z_2 = 20$, $Z_3 = 14$, $Z_4 = 21$

嵌入式复合纺纱长丝张力控制装置传动采取了 1.08 的线速比,嵌入纺纱生产质量均较好。此种喂入装置传动方式的特点是积极喂入罗拉由前罗拉通过附加机构传动,长丝预牵伸倍数大小的改变是通过改变变换链轮的齿数来改变前罗拉与积极喂入滚筒之间的线速比来实现的。需要注意的是不同的长丝原料,合适的长丝预牵伸倍数是不同的,需要变换不同的变换链轮来实现。

4.2.3　四种原料定位装置的设计及检测

1. 四种原料定位装置的工艺要点

根据传统的赛络纺和氨纶包芯纱装置的特点,采取了双喇叭口和双导丝轮进行原料定位,双喇叭口是为了实现双粗纱的定位,而双导丝轮是为了实现双长丝的定位。双喇叭口的中心与双导丝轮的中心重合定位,他们的中心又与前罗拉上的纺纱中心重合,即摇架体中心左右 35mm 处。因此嵌入式复合纺纱粗纱与粗纱之间,粗纱与长丝之间必须保持一定间距的工艺要求就由双喇叭口的间距设计和双导丝轮的间距设计来实现。经过反复的研究,最佳成纱间距为长丝与长丝间距 12mm,粗纱与长丝间距 4mm 时综合成纱性能最优。因此双导丝轮的间距设计为 12mm,双喇叭口的间距设计为 4mm,它们的距离均可以根据具体情况进行调节。在实际纺纱过程中,必须做到两根长丝的中线与两根粗纱的中线对齐,反复调校,保证四种原料定位要求的实现。

2. 长丝导丝轮的设计及断头检测

长丝导丝轮的设计要求是每个纺纱锭必须采取双锭同时导丝;导轮转动灵活,防止灰尘附入影响转动,导轮的间距可以按照需要调节,为了适应纺纱厂的实际生产导轮还能够方便左右移动调节,定位后能够固定导轮不移位;导轮支架必须按照不同的摇架形式进行设计;导轮的侧面印上标记,挡车工发现导丝轮不转动时,可能就是长丝断头了,方便挡车工操作把关。目前该长丝导丝轮已经规模生产投入使用。图4.2.5 是导丝轮定位装置结构图。

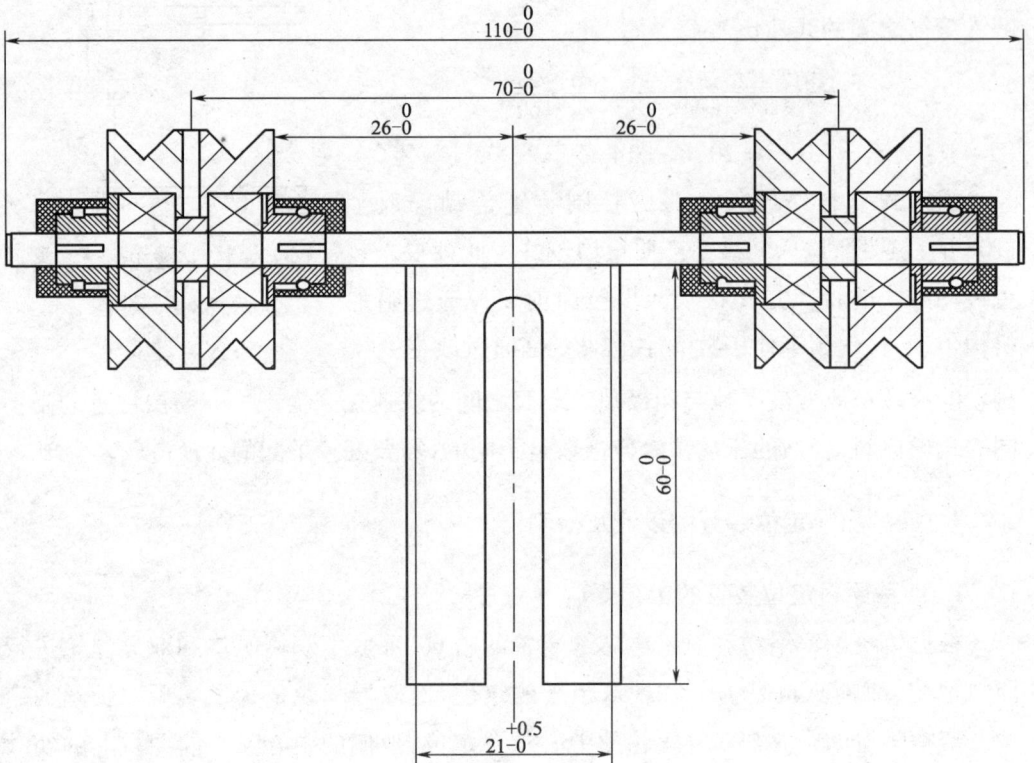

图 4.2.5　导丝轮定位装置结构图

4.2.4　嵌入式复合纺纱长丝卷装的准备

嵌入式复合纺纱长丝卷装必须同时卷绕两根长丝,还必须满足两根长丝同时退绕互不干扰的工艺要求。

4.2.4.1　氨纶卷绕设备研究

目前没有现成的嵌入式复合纺纱长丝卷绕设备,但是国内有氨纶包芯纱的卷绕设备的生产和销售。研究证明,采用氨纶包芯纱的卷绕设备一次卷入两根长丝,完全能够满足嵌入式复合纺纱的需要。目前这种设备是专门为氨纶化纤厂准备的,卷绕速度可以达到800m/min,但是一台一次只能卷绕16个筒子;经过测算,这样一台设备24h 的生产量,仅仅只能满足目前一般细纱机2～3天的使用量,卷绕数量远远不能满足纺纱厂的需求;同时该设备没有长丝筒的放置架,也没有断丝检测及处理装置。

4.2.4.2 气流纺机长丝卷绕的开发

确定长丝(增强纱)主动喂入系统的设计思路后,根据工艺要求,长丝(增强纱)的卷装大小必须与氨纶长丝的卷装规格(57mm)一致,并且必须为双根长丝(增强纱)卷装,那么设计一个紧凑、合理、均匀退绕、成形良好的长丝双根并纱系统是改造的难点。通过大量改造和工艺实践,在现有的江苏泰坦公司生产的TQF268型气流纺机上改造成功,卷装效果达到了工艺要求,生产的JM/C60/40 3.64tex的双纱并纱的小筒子(宽度:57mm)成型良好。图4.2.6是气流纺机卷绕嵌入式纺纱使用的双长丝(纱)筒的生产照片,图4.2.7为嵌入式使用的双长丝(纱)筒照片。

图4.2.6 气流纺卷绕生产双长丝(纱)筒

图4.2.7 嵌入式纺使用的双长丝(纱)筒

4.2.4.3 非弹力双长丝卷绕设备开发

相关机械公司按照要求开发了非弹力双长丝卷绕设备,称为 JQL5325 型络筒机。针对非弹性长丝的张力要求设计了张力系统,采用陶瓷式栅栏张力调节。对长丝断头检测装置进行了改进,开发了双长丝断头检测装置,该络筒机卷装长丝的效果达到工艺要求。生产的双纱长丝筒(宽度:57mm)成型良好。图 4.2.8 是 JQL5325 型络筒机改进前后长丝断头检测装置对比图,图 4.2.9 是 JQL5325 型络筒机双长丝筒生产照片。

 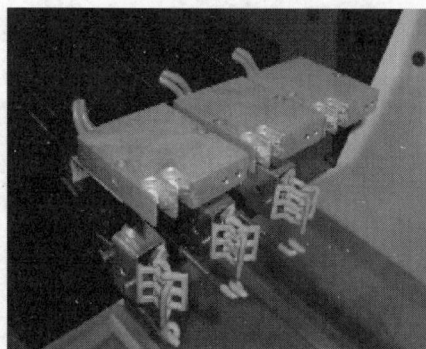

改进前　　　　　　　　　　　改进后

图 4.2.8　JQL5325 型络筒机改进前后长丝断头检测装置对比图

图 4.2.9　JQL5325 型络筒机双长丝筒生产

4.2.4.4 JQL5325 型络筒机的有关说明

1. 用途

本产品主要用于络制供大圆机、细纱机上加工除氨纶品种外的各种包芯纱使用的筒纱。适用品种：锦纶、涤纶、涤丙复合丝(黏胶丝)、PBT、POY、FDY 等。

2. 主要技术参数和特点(表4.2.1)

表4.2.1 JQL5325 型络筒机的主要技术参数和特点

项　目	主要技术参数和特点
控制方式	变频器恒线速控制
络纱速度(m/min)	600
喂入型式	筒纱喂入
导纱器型式	槽筒式
筒管拖架型式	锭子涨紧式
断纱自停装置	单锭自停
锭距(mm)	385
定长设备	100 ~ 999900m 可调
筒管规格(mm)	$\phi85 \times 58$
成形尺寸(mm)	$\phi200 \times 45$
其他装置	1. 具有防硬边装置和防叠装置 2. 具有满筒自停装置：当筒子卷绕长度达到设定值时，能自动停止卷绕
每台锭数	5锭(每锭由3只筒管组成，共15只筒管)
驱动方式	槽筒由120W交流电动机驱动，卷绕由180W交流电动机驱动
使用电压	AC220V,50Hz
外形尺寸(长×宽×高)(mm)	1990 ×965 ×1400

4.2.5 细纱机牵伸倍数的提高方法

根据嵌入式复合纺的系统设计，一锭必须喂入2根粗纱2根长丝，因此必须降低粗纱的定量或者同时加大细纱机牵伸倍数才能达到降低细纱定量纺制高支纱的效果。以上海二纺机生产的FZ501细纱机的传动机构为例，发现 $Z_{25}/Z_{24}(67/43)$ 这一对机后传动齿轮传动位置特殊，把 Z_{25}/Z_{24} 改为 77/27 后，总牵伸倍数增加了 1.83 倍，基本可满足嵌入式复合纺纱对细纱总牵伸倍数的要求。

$$原来总牵伸倍数 = \frac{Z_{25}}{Z_{24}} \times \frac{Z_{23}}{Z_{22}} \times \frac{Z_{17}}{Z_{16}} \times \frac{Z_{15}}{Z_{14}} \times \frac{Z_{13}}{Z_{12}} \times \frac{Z_6}{Z_7}$$

$$= \frac{67}{43} \times \frac{48}{52} \times \frac{Z_{17}}{Z_{16}} \times \frac{68}{36} \times \frac{72}{23} \times \frac{114}{60}$$

$$= 16.1588 \frac{Z_{17}}{Z_{16}}$$

$$改后总牵伸倍数 = \frac{77}{27} \times \frac{48}{52} \times \frac{Z_{17}}{Z_{16}} \times \frac{68}{36} \times \frac{72}{23} \times \frac{114}{60}$$

$$= 29.57 \frac{Z_{17}}{Z_{16}}$$

相关工厂进行了设备改造,生产实践证明:改造后的细纱机总牵伸倍数完全能够达到工艺设计的要求。

根据以上的设计,并在湖北省几家纺织工厂进行生产应用,图4.2.10是嵌入式复合纺生产现场照片。试验结果表明:该种新型嵌入式复合纺纱设备设计思路明晰,工艺结构合理,很好地实现了嵌入式复合纺纱的技术要求;但是在生产中也暴露出了如下一些问题,并做出了相应的改进措施。

图4.2.10 嵌入式复合纺生产设备

(1)部分企业在生产过程中出现加捻三角区纤维被吸棉管吸走的现象,导致成纱重量偏差为负偏差的现象,这是因为在加捻过程中纤维须条从前罗拉输出到加捻点的过程呈无捻状态,如果吸棉管眼距离三角区距离过近,其吸风会带走部分纤维,因此要精细调节吸棉管眼距加捻三角区的距离,防止纤维散失的发生。

（2）在生产过程中部分企业挡车工不习惯嵌入纺纱四组分的接头，感到嵌入纺纱接头困难。结合包芯纱和毛、麻纺的接头方法，强调双手并用：即一手接头，一手用剪刀切断吸入吸棉管的长丝。经过反复训练引丝和接头的操作动作，挡车工明显接头速度提高。说明嵌入式复合纺纱需要在操作上加强训练，提高熟练程度才能保证生产连续稳定进行。

（3）生产的过程中发现水溶性维纶长丝经常断头，经过检测发现长丝张力很大。检查发现是传动链轮装错，导致滚筒转速远低于要求，长丝被拉断。链轮经过更换后运转正常，基本无长丝断头现象发生。

（4）目前一般的氨纶包芯纱、长丝复合纺的设备上没有安装长丝电子监测与处理装置，对于长丝断头基本上靠挡车工的操作质量把关来保证，劳动量很大。具体做法是挡车工发现断头后，拔下纱管重新生头，对于拔下的纱管，集中到规定的纱筐中，由质检人员专门处理，防止流入生产线中。

第5章　嵌入式复合纺纱工艺

5.1　嵌入式复合纺纱定量设计

5.1.1　嵌入式复合纺的细纱定量设计与计算

为使生产出来的嵌入式复合纺纱线密度满足设计要求,在进行细纱定量确定时,即要考虑混纺短纤维的混合定量,又要考虑长丝定量,因而必须进行系统地计算。

1. 嵌入式复合纺纱的线密度表示

嵌入式复合纺成纱线密度的表示方法有两种:第一种是按短纤维的纺出特数和所用长丝的特数表示。其规格表示为:"短纤维的纺出特数 + 长丝特数 × 2",如 18.2tex + 40D × 2,表示两根 40D 的长丝包 18.2tex 短纤维的纱;第二种是按纺出特数表求,即标明嵌入式复合纺纱的特数为多少,用括号注明长丝的规格为多少特有几根,如 9.25tex × 2(4.44tex × 2),表示两根 4.44tex 的长丝所纺的嵌入式复合纺成纱定量为 18.5tex。无论采用哪一种表示方法,工艺设计时均应分别设计出最终成纱内短纤维的标准重量和最终成纱的标准重量[1]。

2. 嵌入式复合纺纱的定量计算

计算公式推导[2]

设定:

W_a——A 纤维公定回潮率;

W_b——B 纤维公定回潮率;

W_h——A/B 混纺短纤维公定回潮率;

W_x——长丝公定回潮率;

W——A/B 长丝成纱公定回潮率;

Y_1, Y_2——分别为 A 和 B 纤维干重混纺比;

T——成纱特数;

D——长丝旦数;

$X, 1 - X$——分别为短纤维和长丝干重混比;

G——成纱混合干重(g/100m)；

C_z——短纤维干重(g/100m)；

S——长丝干重(g/100m)；

H——粗纱定量(g/10m)；

I——粗纱干重(g/10m)；

E——细纱总牵伸倍数

则：

(1)混纺短纤维公定回潮率：$W_h = W_a \times Y_1 + W_b \times Y_2$ (1)

(2)长丝干重：$S = 2D/90 \times (1 + W_X)$ (2)

(3)短纤维与成纱干重混比：

$$X = (G - S)/G$$
$$= 1 - S/G$$
$$= 1 - \cfrac{\cfrac{2D}{90 \times (1 + W_x)}}{\cfrac{T}{10 \times [1 + W_h \times X + W_x \times (1 - X)]}}$$

解方程求 X 可得：

$$X = \frac{(9T - 2D) \times (1 + W_x)}{9T(1 + W_x) + 2D(W_h - W_x)}$$

$$X = \frac{\left(T - \dfrac{2}{9}D\right) \times (1 + W_x)}{T(1 + W_x) + \dfrac{2}{9}D(W_h - W_x)} \tag{3}$$

(4)成纱混合干重

$$G = T/10 \times (1 + W)$$

$$G = \frac{T}{10 \times [1 + W_h \times X + W_x \times (1 - X)]} \tag{4}$$

(5)一根粗纱所纺细纱干重：$C_2 = (G - S)/2$ (5)

(6)成纱公定回潮率：$W = W_h \times X + W_X(1 - X)$ (6)

当短纤维为更多组分时，设各组分的混纺比为 Y_i，公定回潮率为 W_i，组分数为 n，则嵌入式复合纺成纱混合回潮率可表示为[3]：

$$W_h = \sum (W_i \times Y_i) \tag{7}$$

(7)粗纱干重：$I = H/(1 + W_h)$ (8)

(8)总牵伸倍数：$E = I/C_2$ (9)

根据式(2)至式(9)即可计算出嵌入式复合纺纱的短纤维干定量、成纱回潮率等参数,再进行细纱总牵伸等工艺设计。

5.1.2 定量设计的举例

设长丝采用 2 根 4.44dtex（40D）涤纶,短纤维为 2 根竹/棉 30/70 混纺短纤粗纱,定量为 2.15g/10m,最终纺纱特数为 18.5tex,计算出长丝和短纤维的混纺比、短纤维干重及涤纶长丝含量。

(1)混纺短纤维公定回潮率：

$$W_h = W_a \times Y_1 + W_b \times Y_2$$
$$= 8.5\% \times 30\% + 12.25\% \times 70\% = 11.125\% \tag{10}$$

(2)长丝干定量：已知涤纶的公定回潮率为 0.4%,又知涤纶长丝为 40D。

则：
$$S = 2D/90 \times (1 + W_x) \tag{11}$$
$$= 2 \times 40/90 \times (1 + 0.4\%)$$
$$= 0.892g/100m$$

(3)短纤维与成纱干重混比：

$$X = \frac{\left(T - \frac{2}{9}D\right) \times (1 + W_x)}{T(1 + W_x) + \frac{2}{9}D(W_h - W_x)} \tag{12}$$

$$= (18.5 - 2 \times 40/9) \times (1 + 0.004)/[18.5 \times (1 + 0.004)$$
$$+ 2 \times 40/9 \times (0.11125 - 0.004)] = 0.494$$

(4)成纱公定回潮率：

$$W = W_h \times X + W_x(1 - X) \tag{13}$$
$$= 0.11125 \times 0.494 + 0.004 \times (1 - 0.494) = 5.7\%$$

(5)成纱混合干重：

$$G = T/10 \times (1 + W) \tag{14}$$
$$= 18.5/10 \times (1 + 5.7\%)$$
$$= 1.750g/100m$$

(6)一根粗纱所纺细纱干重：

$$C_2 = (G - S)/2 \tag{15}$$
$$= (1.750 - 0.885)/2 = 0.432g/100m$$

(7)粗纱干重：

$$I = H/(1 + W_h) \tag{16}$$
$$= 2.15/(1 + 0.11125) = 1.934 \ g/10m$$

(8)总牵伸倍数：

$$E = I/C_2$$
$$= 1.93410/0.432 = 44.76(倍) \tag{17}$$

用以上的参数在多功能纺纱样机上进行了试纺，嵌入式复合纺纱的实际定量如表 5.1.1。

表 5.1.1　嵌入式复合纺纱实测定量

测量段数	1	2	3	4	平均
实测定量(g/100m)	1.847	1.852	1.855	1.842	1.849

由表 5.1.1 嵌入式复合纺纱实测定量可知本文的计算是可行的，实际的纺纱达到了设计定量 18.5tex 的要求。

总之，嵌入式复合纺细纱定量设计中，各成分混合后的公定回潮率和内外层纤维的混和比计算比较重要。各成分混合公定回潮率包括混纺短纤维的公定回潮率和嵌入式复合纺纱的公定回潮率，两个公定回潮率在计算中起不同的作用，前者用来计算短纤维的定量，后者则用于最终成纱的特数计算，计算结果中的一根粗纱所纺细纱干定量和短纤维回潮率即为粗纱定量和细纱牵伸倍数设计的依据。

5.2　输入间距对嵌入式复合纱成纱结构性能的影响

嵌入式复合纺纱强调的是两根长丝在外，两根粗纱在长丝中间，其实质是两个赛络菲尔纺后再进行赛络纺。长丝间距是指两根长丝在前罗拉输出钳口之间的距离，粗纱与长丝间距是指粗纱与长丝在前罗拉输出钳口的距离，复合纺纺纱中心偏移是指两根长丝的中点与导纱钩到前罗拉垂足点之间的左右距离，它们是影响成纱结构性能的重要工艺参数，大量的实验结果显示长丝与长丝之间存在一定距离、长丝与粗纱之间存在一定的距离、纺纱中心偏移有一最佳间距可以使得成纱性能得到改善。但是由于纺纱所用原料性质的不同、试样加工系统有差异可能导致最佳间距也不一样，但是实验显示也有一规律可循，可以通过嵌入式复合纺纱的纺纱实验与纱线性能测试，探讨长丝与长丝间距、粗纱与长丝间距以及纺纱中心偏移对嵌入式复合纺纱线结构性能的影响。

5.2.1　原料与工艺

5.2.1.1　原料及成纱工艺参数

1. 原料

粗纱原料是黑色毛纤维，线密度 2.96g/10m；长丝是白色的涤纶丝，线密度 50D。

2. 工艺参数

长丝预加张力是 2cN,牵伸倍数是 50 倍,锭子转速是 7257r/min,捻度是 436 捻/m,设计嵌入式复合纺纱细度为 58tex;

纺纱原料之间的间距参数是:长丝与长丝间距分别为 20mm、16mm、12mm、8 mm,其对应的试验编号分别 1、2、3、4;

粗纱与长丝间距分别为 2mm、4mm、6mm、8mm,试验编号分别为 5、6、7、8;

纱纺中心点偏移距离分别为 −4mm、−2 mm、0、2 mm、4 mm;试验编号分别为 9、10、11、12、13。

5.2.1.2　实验分析方法

(1)保证其他工艺参数不变,长丝与长丝间距分别为 20mm、16mm、12mm、8mm,粗纱与长丝间距为 4mm 时试纺,观察加捻三角区的形态和纱线的纵横向结构,测试成纱性能并作比较分析,得出嵌入式复合纺纱长丝间最佳成纱距离。

(2)在嵌入式复合纺纱长丝间距离 20mm 条件下,长丝与粗纱间距分别为 2mm、4mm、6mm、8mm 时,进行试纺。测试成纱性能并作比较分析,得出嵌入式复合纺长丝与粗纱间最佳成纱距离。

(3)在嵌入式复合纺纱长丝间距离 20mm,长丝与粗纱间距为 4mm 条件下,纺纱中心分别为 −4mm、−2mm、0、2mm、4mm 时进行试纺。测试成纱性能并作比较分析,得出嵌入式复合纺纱纱中心最佳位置。

5.2.1.3　纺纱设备及纱线结构性能测试

(1)纺纱设备采用 HF41 −01 −4 多功能纺纱小样机。

(2)纱线结构表征采用美国科视达三维视频摄像系统对纱线横纵向结构进行观察与分析;

(3)纱线性能测试采用 SFY13 型单丝张力仪、YG(B)021DX 型台式电子单纱强力机、YG172A 型纱线毛羽测试仪、YG135E 型条干均匀度测试分析仪等测试仪器测试嵌入式复合纺纱线的条干均匀度、毛羽数、纱线断裂强力和伸长等。

5.2.2　纺纱过程中加捻三角区的动态变化过程及分析

1. 纺纱过程中"V"形加捻三角区模型

图 5.2.1 的嵌入式复合纺模型图中,1、2 为涤纶长丝;3、4 为毛粗纱;A 为长丝与长丝之间的距离;B 为长丝与粗纱之间的距离;O′ 为导纱钩也就是大三角区的汇聚点;O 为导纱钩到前罗拉的垂足点;G、H 分别为 1、3 和 2、4 在小三角区的汇聚点;

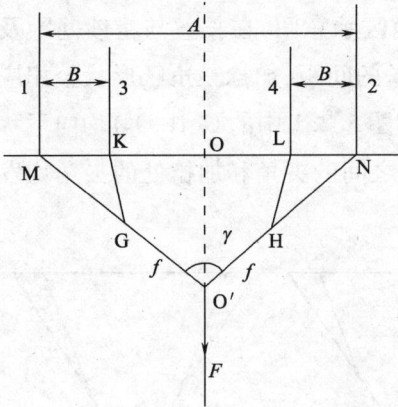

图 5.2.1　嵌入式复合纺模型图

MG、NH 为长丝单纱段；KG、LH 为毛须条单纱段；F 为纺纱张力，f 为小三角区增强后的纤维须条所受的张力；γ 为大"V"形区夹角。

2. 间距大小的变化对"V"形区形状及单纱受力的影响分析

由力学平衡知：　　　$F = 2f\cos(\gamma/2)$

其中：f 为须条单纱和长丝上所受张力，γ 为"V"形区夹角，当间距增大时，由于"V"形区被拉长，将使 γ 角减小，须条单纱段 KG、LH 长度则由于"V"形区被拉长而增大，因此短纤维在成纱中转移路径变长，转移充分。但如果间距过大，由于皮辊的宽度的限制对成纱不利，故本实验取最大间距为 20mm。

3. 成纱三角区形状

由嵌入式复合纺原理可知，间距是一个很重要的工艺参数。该纺纱方法同时喂入的原料有 4 根，它们之间间距的配置直接影响到加捻三角区的形态，配置好成纱质量稳定，配置不好就会造成纱线质量的恶化，因此 4 种原料的间距及相对位置非常重要。4 种原料的间距及相对位置决定了成纱三角区的形态，反过来说，成纱三角区的形态也反映了 4 种原料的间距及相对位置，在实际生产中，可以通过观察成纱三角区的形态来检验 4 种原料的间距及相对位置是否合理或正确。下面有关成纱三角区示意图均是在嵌入式复合纺纱的原理和纺纱过程中对加捻三角区的仔细观察的基础上绘制的，其中图 5.2.2 是间距配置正确时成纱三角区的形状图，图 5.2.3 是间距配置不正确时成纱三角区可能出现的几种情况。

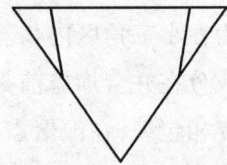

图 5.2.2　间距配置正确时成纱三角区的形状图

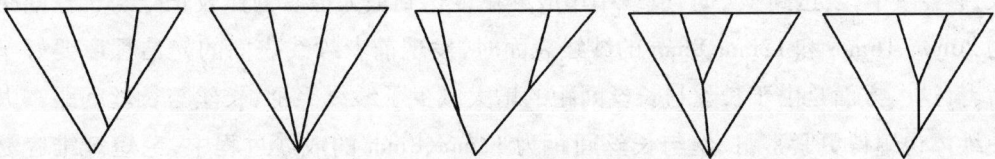

图 5.2.3　间距配置不正确可能出现的成纱三角示意图

4. 成纱三角区的变化规律

图 5.2.4 是不同长丝与长丝间距下的成纱三角区示意图,在长丝与粗纱间距及其他纺纱工艺参数不改变的情况下,改变长丝与长丝的间距,加捻三角区形状会相应的发生变化。长丝与长丝间距变大,三个汇聚点(即图 5.2.1 中的 G、H、O′)均向下移动,使加捻三角区范围变大,涤纶长丝与短纤维须条之间的夹角和加捻处的夹角均发生变化,从而使成纱质量发生变化。

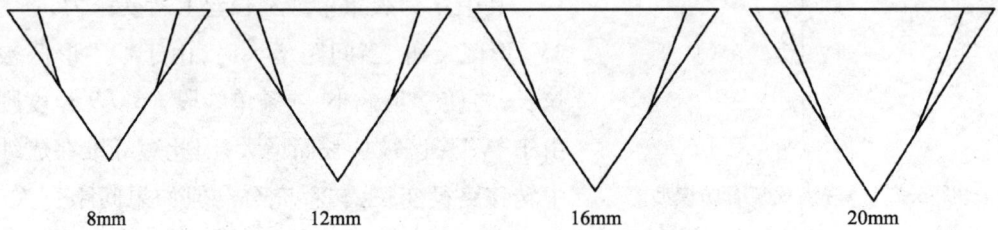

图 5.2.4   不同长丝与长丝间距下的成纱三角区示意图

5.2.3   间距对嵌入式复合纱性能的影响分析

5.2.3.1   纱线横、纵向结构分析

当长丝与长丝间距分别为 20mm、16mm、12mm、8mm 时,毛粗纱与长丝间距为 4mm 时,成纱横向结构变化不大,长丝与毛纤维在横截面上表现为两种独立成分,这是因为在小三角区内长丝具有一定的张力条件下,由于捻回的传递,毛须条和涤长丝两种成分在并合加捻前都具有一定的捻度,因此在分汇聚点处加捻时,只能以螺旋线形式互相包缠,在汇聚点处再次加捻时彼此均很难再进入对方结构中。

图 5.2.5 中分别为长丝与长丝间距为 20mm、16mm、12mm、8 mm 的成纱纵向外观图(原纱放大 200 倍)。

成纱纵向皆呈螺旋形外观,但不同间距下,螺旋形外观差异明显,纱线横向紧密度也有差别,当长丝间距分别为 20mm、16mm 时,纱线的紧密度要大于长丝分别 12mm、8mm 间距时纱线的紧密度,即前者纱线直径和线密度小于后者。随着间距增大,γ 会减小,当达到 γ_{min} 时,成纱中单股纱捻度达到最大值。当比较长丝与长丝间距为 20mm、16mm 和 12mm、8mm 的纱线表面时,发现前者纱线表面的光洁程度要好于后者,这一方面是由于长丝与长丝间距的增大减少了纱线毛羽,长丝与长丝间距增大使纱体包缠得更紧密,长丝与长丝间距为 12mm、8mm 的成纱过程中,毛短纤维容易被甩出纱体或露出纱表面,纱线外观显得更加蓬松,使其光洁度变差。

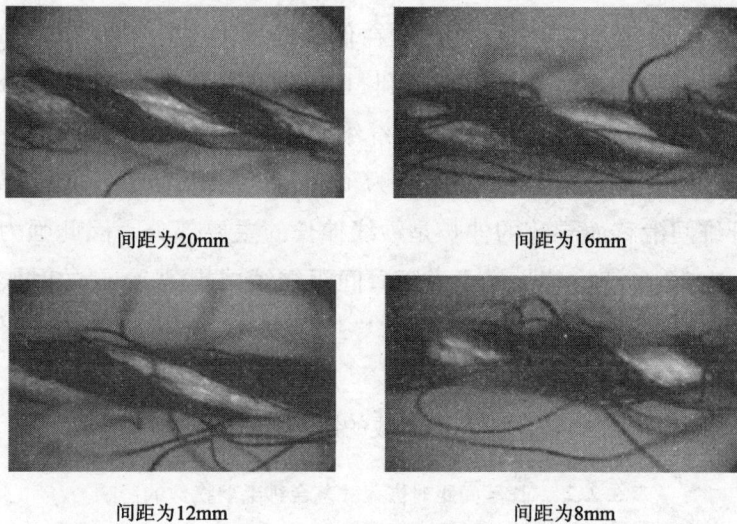

间距为20mm　　　　　　　　　　间距为16mm

间距为12mm　　　　　　　　　　间距为8mm

图 5.2.5　成纱纵向外观图

5.2.3.2　长丝间距对嵌入式复合纱性能的影响

1. 长丝间距对嵌入式复合纱强伸性能的影响

由表 5.2.1 可知,当长丝与长丝间距从 20mm 变化至 8mm 时,成纱强力呈现先减小、再减小、再增大的趋势,而伸长呈现先增大、后减小、再增大的趋势,且长丝与长丝间距为 20mm 时纱线强力最大,间距为 12mm 时伸长最小。

表 5.2.1　长丝间距对成纱强伸性能的影响

长丝间距(mm)	20	16	12	8
断裂强力(cN)	1017	881.8	818.6	840.8
伸长(mm)	148.2	150.4	127.6	132.1
伸长率(%)	29.64	30.08	25.52	26.42
断裂时间(s)	31.87	18.11	15.38	15.93
断裂功(N·m)	0.925	0.766	0.635	0.673
断裂强度(cN/dtex)	1.752	1.52	1.411	1.449

当长丝与长丝间距为 20mm 时,捻回向三角区传递,毛粗纱须条上所得捻回增多,纤维内外层转移充分,纱线受力时强力利用系数高,对强力贡献大,相互间不容易滑动。γ 变小,纱体结构紧密,但成纱螺旋角变大,故纱线的伸长以纱线直径变

细、成纱螺旋角变大而导致的伸长占主导地位,因此强力高伸长也较大。而间距减少到 16mm 时,三角区长度变短,短纤维在低纺纱张力作用下没有充分伸直,须条中伸直纤维的比例减少,对成纱伸长有利,且纱线抱合不紧密时利于纱线伸长,因此强力降低而伸长增大。纱线的伸长由纤维间的滑移、纤维本身的伸长、纱线直径变细而导致的伸长三部分组成。在间距为 12mm 的时候,由于 γ 大,纤维间抱合较松,拉伸时纤维间滑移而导致的伸长是纱线伸长的主要部分。因此强力降低,断裂伸长率减少,在 12mm 时,伸长最小。随着间距继续减小到 8mm 的时候,由于粗纱纱条之间纤维有一定的相互转移和抱合,导致强力有一定的上升,断裂伸长率亦相应增加。

2. 长丝间距对嵌入式复合纱毛羽指数的影响

表 5.2.2　长丝间距对嵌入式复合纱毛羽指数的影响

毛羽长度	长丝间距(mm)			
	20	16	12	8
1mm	161.3	142.5	157.2	173.8
2mm	29.4	32.5	37.0	39.5
3mm	6.6	9.7	10.8	10.3
4mm	1.8	2.7	4.2	3.1
5mm	0.4	1.6	1.4	1.1
6mm	0.1	0.7	0.8	0.5
7mm	0.08	0.32	0.48	0.2
8mm	0.08	1.28	0.24	0.08
9mm	0.08	0.28	0.08	0

由表 5.2.2 可知,当其他条件不变时,长丝与长丝间距从 20mm 变化至 8mm 时,毛羽逐渐增加,最后适当降低。长丝与长丝间距 20mm 时毛羽最少。长丝与长丝间距 12mm 时毛羽最多。长丝与长丝间距 20mm 时,加捻三角区增长,成纱段"V"形区的夹角 γ 减小,长丝捕捉短纤维毛羽的机会增大,有利于减少毛羽,同时须条段得到的捻回大,成纱中单股纱获得的捻度也增大,可以降低毛羽。长丝与长丝间距为 8mm 时,由于间距较小,纤维相互转移导致毛羽比间距为 12mm 和 16mm 时的少。

3. 长丝间距对嵌入式复合纱条干均匀度的影响

表 5.2.3　长丝间距对嵌入式复合纱条干均匀度的影响

项　目	长丝间距（mm）			
	20	16	12	8
条干 CV（%）	9.97	11.62	10.77	9.85
U 值（%）	7.73	7.93	7.91	7.74
细节（−50%）（个/km）	400	0	0	0
粗节（+50%）（个/km）	20	40	80	20
棉结（+200%）（个/km）	100	40	140	60

由表 5.2.3 可知，当长丝与长丝间距从 20mm 变化至 8mm 时，成纱条干先增加，然后逐步降低，且长丝与长丝间距为 8mm 时纱线成纱条干最好。当长丝间距为 8mm 时，由于间距很小，粗纱纱条之间纤维有一定的相互转移和抱合，单股纱在长丝上产生滑移小，粗纱和长丝复合时成纱紧密，因此条干好。当间距从 8mm 增加到 16mm 时，单股纱在长丝上产生滑移增大，纱体结构不够稳定，条干逐步变差。而当间距从 16mm 增大到 20mm 时，条干又变好，原因可能是长丝间距很大时，纱体结构中大三角区的复合较稳定，成纱紧密导致条干不匀变小。

5.2.3.3　长丝与粗纱间距对嵌入式复合纱性能的影响

1. 长丝与粗纱间距对嵌入式复合纱强伸性能的影响

表 5.2.4　长丝与粗纱间距对嵌入式复合纱强伸性能的影响

长丝与粗纱间距（mm）	2	4	6	8
断裂强力（cN）	939.3	940.5	901.3	896.5
伸长（mm）	151.8	149.8	140.4	140.4
伸长率（%）	30.36	29.96	28.08	28.08
断裂时间（s）	18.31	18.05	16.9	16.93
断裂功（N·m）	0.844	0.838	0.76	0.755
断裂强度（cN/dtex）	1.619	1.621	1.553	1.545

由表 5.2.4 可知，当长丝与长丝间距为 20mm，长丝与粗纱间距从 2mm 变化至 8mm 时，成纱强力逐步减小，而伸长也逐步减小，长丝与粗纱间距为 4mm 时，成纱断裂强力最大。长丝与粗纱间距为 2mm 时，断裂伸长最大。

这是因为长丝与粗纱间距从 2mm 变化至 8mm 时,小三角区逐步变大,小三角区内的长丝与毛粗纱抱合逐步变松,拉伸时纤维间滑移是主要因素,因此强力和伸长逐步降低。

2. 长丝与粗纱间距对嵌入式复合纱毛羽指数的影响

表 5.2.5　长丝与粗纱间距对嵌入式复合纱毛羽指数的影响

毛羽长度	长丝与粗纱间距(mm)			
	2	4	6	8
1mm	195.8	192.12	185.8	173.6
2mm	44.64	43.64	45.56	42.32
3mm	12.56	10.80	14.12	12.56
4mm	3.52	3.20	5.04	4.68
5mm	1.24	1.24	1.72	1.28
6mm	0.60	0.40	0.64	1.56
7mm	0.44	0.13	0.20	0.28
8mm	0.20	0.04	0.12	0.12
9mm	0.08	0	0.04	0.08

由表 5.2.5 可知,当其他条件不变,长丝与粗纱间距从 2mm 变化至 8mm 时,毛羽先降低,再增加,再降低。长丝与粗纱间距 2mm 时毛羽最少。长丝与粗纱间距 6mm 时毛羽最多。当长丝与粗纱间距保持一定的距离,也可以适当增大长丝与毛纤维的加捻三角区的夹角,同时避免两根粗纱须条之间的相互影响,有利于减少毛羽,结果显示间距为 4mm 时成纱毛羽较好。

3. 长丝与粗纱间距对嵌入式复合纱条干均匀度的影响

由表 5.2.6 可知,当长丝与长丝间距为 20mm,长丝与粗纱间距从 2mm 变化至 8mm 时,成纱条干呈现波动状态,粗纱与长丝间距为 4mm 时,成纱条干最好。

表 5.2.6　长丝与粗纱间距对嵌入式纱条干均匀度的影响

长丝与粗纱间距(mm)	2	4	6	8
条干 CV(%)	11.98	13.17	10.37	17.13
U 值(%)	8.07	8.35	8.07	8.9
细节(-50%)(个/km)	0	0	0	0
粗节(+50%)(个/km)	120	140	20	340
棉结(+200%)(个/km)	160	260	80	480

当长丝与长丝间距为20mm,粗纱与长丝间距从2mm变化至8mm时既要适当增大小三角区中长丝与毛纤维的加捻三角区的夹角,同时避免两根粗纱须条之间的相互影响,有利于成纱条干的改善,结果显示距离为4mm较好。

5.2.3.4 纺纱中心偏移对嵌入式复合纱性能的影响及分析

1. 纺纱中心偏移对嵌入式复合纱强伸性能的影响

表5.2.7 纺纱中心偏移对嵌入式复合纱强伸性能的影响

项目	纺纱中心偏移量(mm)				
	-4	-2	0	2	4
断裂强力(cN)	847.1	804.5	822.4	870.5	1101
伸长(mm)	130	116.5	120.5	137.6	137.2
伸长率(%)	26.66	23.3	24.1	27.54	27.44
断裂时间(s)	16.07	14.06	14.55	16.57	16.52
断裂功(N·m)	0.545	0.579	0.616	0.728	0.984
断裂强度(cN/dtex)	1.362	1.386	1.417	1.5	1.897

由表5.2.7可知,在Z捻时,当长丝间距离为20mm,长丝与粗纱间距为4mm条件下,纺纱中心从-4mm变化至4mm时,成纱强力呈现波动状态,先下降后上升,纺纱中心偏移为4mm时强力最大,伸长也最大。纺纱中心点偏移为0时,由于Z捻,纺纱的扭矩由右至左,形成了加捻三角区X轴向的不平衡,从而形成了加捻三角区的不对称,纺纱中心点偏移为0至-2mm时三角区两边长基本对称,但是右边纱条获得的捻回多;纺纱中心点偏移为-4mm时三角区又不平衡,从而形成了以一边纱条为中心的包围效果,因此强力降低时,伸长也降低;或者强力升高而伸长也降低;而且纺纱时加捻三角区的这种不对称导致了细纱钢板一次升降时加捻三角区的剧烈变化。纺纱中心点偏移为0至4mm时,逐步修正了加捻三角区的不对称情况,因此强力升高,伸长也逐步升高。纺纱中心点偏移为4mm时,加捻三角区形成了边长不对称,但是捻距对称,纱体结构紧密,纤维滑移减少,因此强力高伸长也升高。

2. 纺纱中心偏移对嵌入式复合纱毛羽指数的影响

表 5.2.8　纺纱中心不同偏移对嵌入式复合纱毛羽指数的影响

毛羽长度	纺纱中心偏移量（mm）				
	−4	−2	0	2	4
1mm	187.1	158.32	178.48	168.56	180.4
2mm	47.12	32.44	39.64	37.48	46.4
3mm	14.44	9.2	9.92	11.88	14.05
4mm	4	2.32	3	4.16	4.35
5mm	1.96	0.84	0.76	2.04	1.4
6mm	0.88	0.16	0.48	1.28	0.4
7mm	0.48	0.08	0.32	0.56	0.1
8mm	0.28	0	0.16	0.4	0.05
9mm	0.2	0	0.08	0.2	0.05

由表 5.2.8 可知：当其他条件不变，纺纱中心偏移从 −4mm 变化至 4mm 时，毛羽呈现波浪状。纺纱中心偏移 −2mm 时毛羽最少，纺纱中心偏移 4mm 时毛羽最多。

在顺时针加捻时，纺纱中心点适当向右偏移时有利于大三角区右边边长的增加，捻回的捻距逐步增加，成纱毛羽指数增加。纺纱中心点适当向左偏移时大三角区的两边边长趋于相等，成纱毛羽指数降低；纺纱中心点向左偏移较多时，三角区两边边长又趋于不相等，成纱毛羽指数升高。因此，嵌入式复合纺纱纱线毛羽随着长丝与长丝间距的增大，长丝与粗纱间距保持一定的距离，纱纺中心点向左适当偏移一定的距离时呈现减少趋势。纱纺中心点偏移为 −2mm 时成纱毛羽最少。

3. 纺纱中心偏移对嵌入式复合纱条干均匀度的影响

表 5.2.9　纺纱中心偏移对嵌入式复合纱条干均匀度的影响

项　目	纺纱中心偏移量（mm）				
	−4	−2	0	2	4
条干 CV（%）	10.23	11.69	10.5	13.68	9.91
U 值（%）	8.06	8.66	8.14	9.12	7.86
细节（−50%）（个/km）	0	0	0	20	0
粗节（+50%）（个/km）	0	60	20	120	0
棉结（+200%）（个/km）	60	40	40	100	20

由表 5.2.9 可知，当长丝间距离为 20mm，长丝与粗纱间距为 4mm 条件下，纺纱中心从 -4mm 变化至 4mm 时，成纱条干呈现波动状态，纺纱中心偏移为 4mm 时，成纱条干最好。

在 Z 捻时，当长丝间距离为 20mm，长丝与粗纱间距为 4mm 条件下，纺纱中心从 -4mm 变化至 4mm 时，成纱条干呈现波动状态。向右偏移少时，由于两个小三角区不一致，导致大三角区的不稳定，成纱条干变差；向右偏 4mm 时，有点像包芯结构，同时两个边的捻距基本相等，条干趋好。

总之：各种间距大小变化引起"V"形区夹角和须条单纱段长度的改变以及单股纱捻度的重新分布，它是导致成纱结构性能改变的根本原因。各种间距大小的变化对纱横、纵向结构影响不大，但使纱线紧密度和直径系数产生差异。长丝间距为 20mm、16mm 时的纱线直径系数要小于间距为 12mm、8mm 时的纱线直径系数，即后者纱线外观相对于前者更显蓬松，且前者纱线的光洁度好于后者。长丝与长丝间距、长丝与粗纱间距、纱纺中心点偏移距离对成纱强伸性能，毛羽指数，条干均匀度的影响均成非单调性。综合考虑成纱结构和性能，在其他工艺参数相同时，最佳成纱间距为长丝与长丝间距 12mm，粗纱与长丝间距 4mm，纺纱中心点偏移距离 4mm。

5.3　捻系数对毛/涤纶长丝嵌入式复合纺纱成纱性能的影响

采用涤纶长丝和毛粗纱为原料，采用毛/涤纶长丝嵌入式复合纺纱技术纺制不同捻系数的毛/涤纶长丝嵌入式复合纱。在影响成纱性能各种工艺参数中，捻系数是影响成纱质量的主要工艺参数之一。课题组的王玲芳同学探讨了捻系数对嵌入纺纱成纱质量的影响关系。

在样本数量较多时，平分法是比较简单有效的一种选点方法。为确定毛/涤纶长丝嵌入式复合纺纺纱工艺的最优捻系数范围，并考虑强力和捻系数之间的关系，首先在一个较大范围内选取两个设计捻系数，运用平分法找出中间点，再固定其他纺纱工艺，然后对所纺纱线的细度、捻度、实际断裂强力、断裂伸长率等项指标进行测试。根据上述数据绘出断裂强力和相关捻系数之间的关系图，寻找临界捻系数值，然后运用平分法重新选取新点，不断缩小临界捻系数的范围，得出捻系数对嵌入式复合纱性能的影响规律，最终确定出某种线密度的毛/涤纶长丝嵌入式复合纺纱具有最高强力拉伸效果的临界捻系数范围。

5.3.1 原料与工艺

5.3.1.1 原料及成纱工艺参数

1. 原料

粗纱采用黑色的毛纱线,其线密度为 6.4 g/10m;长丝采用白色的涤纶长丝,其细度为 4.44tex。

2. 工艺参数

表 5.3.1 各项工艺参数表

长丝预加张力(cN)	牵伸倍数(倍)	成纱线密度(tex)	锭子转速(r/min)	间距大小(mm)	
				长丝间距	长丝与毛粗纱间距
1.47	21.4	38.78	6000	8	2

5.3.1.2 实验分析方法

(1)嵌入式复合纱需要选取适当的捻系数,捻系数过大则纱线手感较硬,过小则短纤维和长丝的包覆效果差,纱线表面毛羽多。在其他工艺参数相同时,选择捻系数分别为 285、335 和 385 条件下试纺,对成纱的各种性能作比较分析,得出毛/涤嵌入式复合纺纱的基本临界捻系数范围。

(2)借鉴了平分法的原则[4],在前次优选实验其他工艺相同的情况下继续试纺,测试成纱性能并作比较分析,得出比较精确的毛/涤嵌入式复合纺纱的临界捻系数范围。

5.3.1.3 纺纱设备及纱线结构性能测试

(1)纺纱设备采用 HF41 - 01 - 4 多功能纺纱小样机;

(2)性能测试仪器:YG(B)021DX 型台式电子单纱强力机、SFY13 型单丝张力仪、YG135E 型条干均匀度测试分析仪等测试仪器分别测试嵌入式复合纺纱线的条干均匀度、纱线断裂强力和伸长。

5.3.2 嵌入式复合纺纱纱线捻系数的优选与分析

1. 第一次捻系数优选试验

选择涤纶长丝间距为 8mm,长丝与毛粗纱间距为 2mm,长丝张力为 1.47cN 进行纺纱,捻系数采用 285、335 和 385,并分别命名为方案号 1、2、3。对所纺纱线的各种性能进行测试,测试结果如表 5.3.2 所示。

表 5.3.2　第一次捻系数优选试验纱线性能的测试结果

方案号	1	2	3
捻系数	285	335	385
设计捻度(T/10cm)	45.9	54.0	62.0
实测细度(tex)	38.78	38.79	38.76
实测捻度(T/10cm)	46.77	52.25	61.20
实测捻系数	290	324	380
断裂强力(cN)	921.0	942.2	917.6
断裂强力 CV(%)	2.96	2.65	2.82
伸长(mm)	142.2	154.6	159.0
伸长率(%)	28.44	30.92	31.80
伸长率 CV(%)	5.33	5.02	5.44
断裂时间(s)	17.12	16.58	19.16
断裂功(N·m)	0.800	0.899	0.870
断裂强度(cN/dtex)	2.361	2.415	2.352

根据表 5.3.2 测得的 3 个试验方案的毛/涤纶长丝嵌入式复合纺纱的纱线强伸性能和实际捻系数绘出关系图,如图 5.3.1 所示。

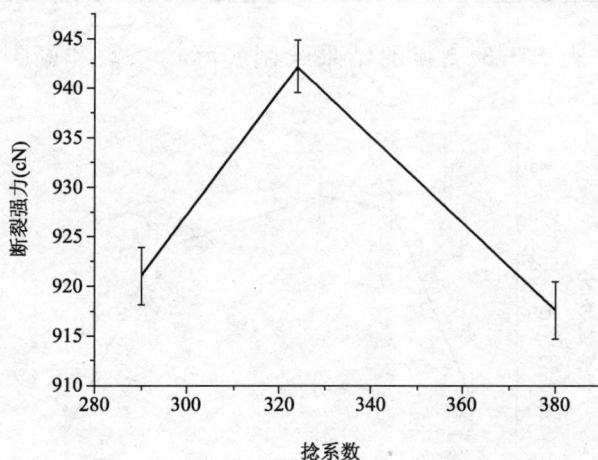

图 5.3.1　第一次优选试验后纱线实际捻系数对断裂强力的影响

从图 5.3.1 可以看出,在实际捻系数为 324 时,纱线的断裂强力最大,说明临界捻系数可能就在本次试验所选捻系数范围内。

2. 第二次捻系数优选试验

按照平分法的原则,在实际捻系数 290～324 之间选择中点 307,并在实际捻系数 324～380 范围内选择中点 357 分别纺纱,方案号分别为 4、5。而其他纺纱条件和第一次优选试验相同,纱线性能的测试结果如表 5.3.3 所示。

表 5.3.3　第二次捻系数优选试验纱线性能的测试结果

方案号	4	5
设计捻系数	307	357
实测细度(tex)	38.5	38.77
实测捻度(T/10cm)	49.60	57.80
实测捻系数	308	360
断裂强力(cN)	940.8	936.4
断裂强力 CV(%)	2.93	2.78
伸长(mm)	154.6	157.8
伸长率(%)	30.92	31.56
伸长率 CV(%)	5.47	5.61
断裂时间(s)	16.56	19.32
断裂功(N·m)	0.853	0.879
断裂强度(cN/dtex)	2.232	2.353

根据表 5.3.2、表 5.3.3 测得的结果绘制实际捻系数和断裂强力关系图,如图 5.3.2 所示。

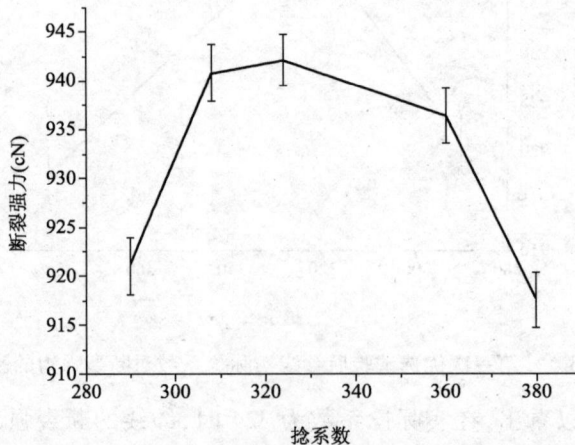

图 5.3.2　第二次优选试验后纱线实际捻系数对断裂强力的影响

由图 5.3.2 可见,临界捻系数在 308～360 之间,范围比第一次优选试验的范围缩小。

3. 第三次捻系数优选试验

在第二次优选中,断裂强力峰值仍在捻系数 324 处。由于 308～360 范围偏大,其中间点在 334,而且在一定范围内捻系数越大成纱强力可能越高,因此实验选择从捻系数 360 向 324 靠近,故在该范围的中点再选取一点捻系数为 342,以进一步缩小范围,其他纺纱工艺条件同前。经测试获得的纱线性能测试结果如表 5.3.4 所示。

表 5.3.4　第三次捻系数优选后测试结果

方案号	6	方案号	6
捻系数	342	伸长(mm)	158.1
设计捻度(T/10cm)	55.16	伸长率(%)	32.19
实测细度(tex)	38.72	伸长率 CV(%)	5.32
实测捻度(T/10cm)	54.03	断裂时间(s)	15.92
实测捻系数	335	断裂功(N·m)	0.891
断裂强力(cN)	940	断裂强度(cN/dtex)	2.410
断裂强力 CV(%)	2.98	—	—

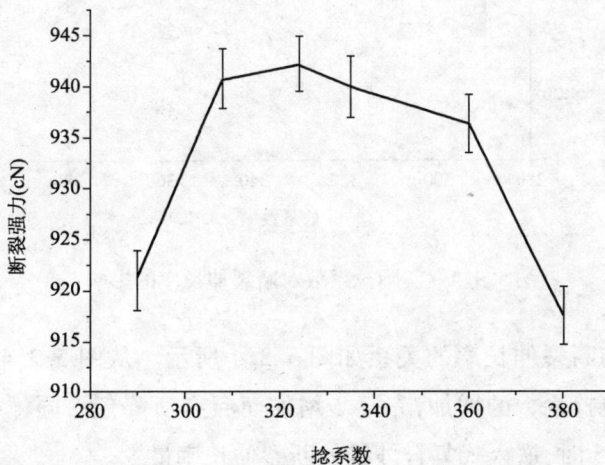

图 5.3.3　第三次优选试验后纱线实际捻系数对断裂强力的影响

数据进一步汇总,获得图 5.3.3。从图 5.3.3 可以看出,随着实际捻系数的增加,纱线的断裂强力逐渐增大。当捻系数达到 324 时,纱线的断裂强力达到最大,随后随着捻系数的增加,纱线的断裂强力逐渐减小。这是由于嵌入式复合纱成纱除具有总捻度外,从前罗拉输出的每根须条上都具有一定的捻度,成纱的两根纱中存在与成纱方向相同、大小相近的真捻。在一定范围内,当捻系数增加时,捻回向上传递就越多,前罗拉处的边缘纤维受到了更好的控制,预加捻的须条在较强的捻度下,结构紧密。须条与长丝再次加捻后,单位长度上的缠绕次数增加,许多纤维端被相邻的纱条捕捉,最后进入复合纱结构中,增加了纤维间的摩擦力和抱合力。此时,随着捻系数的增加,纱线的断裂强力增大,从而增强了嵌入式复合纱的强力和伸长率。另一方面,当捻度增加到达某一定值后,增加了纱中纤维的预应力,减少了纤维强度的轴向分力,于是纱线强度随捻系数的增加而开始下降。

4. 捻系数与断裂伸长率的关系

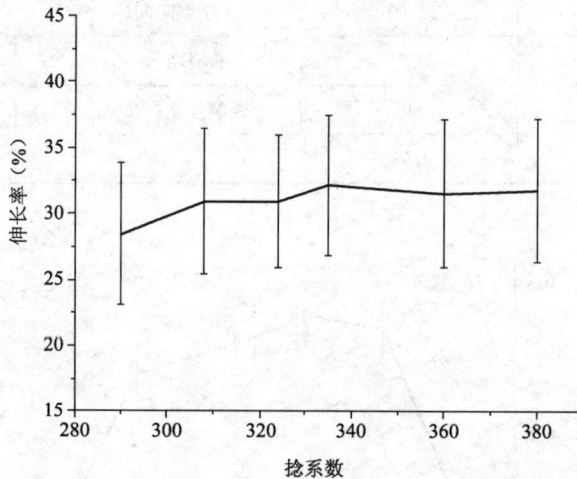

图 5.3.4　实际捻系数对断裂伸长率的影响

实际捻系数与断裂伸长率的关系如图 5.3.4 所示。从图 5.3.4 可以看出,纱线的断裂伸长率随着捻系数的增加,先逐步增加而后有所降低。同样存在着一个临界值,即捻系数为 335 时,嵌入式复合纱线的断裂伸长率最大。

总之,随着捻系数逐渐增大,毛/涤纶长丝嵌入式复合纺所纺纱线断裂强力逐渐增大。当捻系数达到 324 时,纱线的断裂强力达到最大,之后随着捻系数的增加,纱线的断裂强力逐渐减小。随着捻系数逐渐增大,毛/涤纶长丝嵌入式复合纺所纺纱线断裂伸长率逐渐增大,当捻系数达到 335 时,纱线的断裂伸长率达到最大,之后随着捻系数的增加,纱线的断裂伸长率有所减小。综合考虑毛/涤纶长丝嵌入式复合纺纱的强伸性能,捻系数为 308～335 时成纱的强力比较接近,得出毛/涤纶长丝嵌入式复合纺纱 38.78tex 纱时最优的捻系数范围为 308～335。

5.4 长丝预加张力对毛/涤嵌入式复合纺纱线性能的影响

嵌入式复合纺纱技术能够明显改善成纱质量,提高纤维纺纱利用率。根据现有的条件,选定涤纶长丝预加张力作为研究对象,研究长丝预加张力对嵌入式复合纺纱线性能的影响。

5.4.1 原料与工艺

5.4.1.1 原料及成纱工艺参数

1. 原料

粗纱使用黑色的毛纤维,其线密度是 3.2 g/10m;长丝为白色的涤纶长丝,细度为 4.44tex。

2. 工艺参数

牵伸倍数为 21.4 倍,成纱线密度为 38.78tex,锭子转速选用 8900r/min,捻度为 74 捻/10cm,长丝总间距为 12mm,长丝与毛粗纱之间的间距为 4mm。

5.4.1.2 实验分析方法

选择的长丝预加张力分别为 0.49cN、0.98cN、1.47cN、1.96cN、2.45cN,固定其他工艺参数进行试纺,并对成纱性能进行比较分析,得出毛/涤嵌入式复合纺纱线的最佳长丝预加张力。

5.4.2 涤纶长丝预加张力对毛/涤嵌入式复合纱性能的影响

1. 工艺条件及成纱质量测试

嵌入式复合纺纱的牵伸倍数为 21.4 倍,锭子转速为 8900r/min,捻度为 74 捻/10cm,长丝总间距为 12mm,长丝与毛粗纱间距为 4mm。在以上工艺条件下,选择长丝预加张力分别为 0.49cN、0.98cN、1.47cN、1.96cN、2.45cN,并分别列为试验号 1、2、3、4、5 进行试验。得出涤纶长丝预加张力与纱线性能的关系,如表 5.4.1 所示。

表 5.4.1　涤纶长丝预加张力对纱线性能的影响

试验号	1	2	3	4	5
长丝预加张力(cN)	0.49	0.98	1.47	1.96	2.45
条干 CV(%)	12.55	14.41	11.40	13.52	13.21
细节(−50%)	0	0	0	0	0
粗节(+50%)	260	300	60	260	200
棉结(+200%)	320	520	140	440	540
断裂强力(cN)	687.0	673.4	686.1	729.2	713.6
伸长(mm)	128.1	121.6	121.8	128.4	122.1
伸长率(%)	25.62	24.32	24.36	25.68	24.42
断裂时间(s)	15.45	14.67	14.69	15.48	14.73
断裂功(N·m)	0.538	0.492	0.501	0.561	0.522
断裂强度(cN/dtex)	1.073	1.051	1.071	1.139	1.114

2. 涤纶长丝预加张力对纱线性能的影响

随着涤纶长丝预加张力的增大,复合纱的断裂强力和断裂伸长率先减小后增大,超过一定的限度后再减小。长丝张力较大,短纤维对长丝的包覆效果较好,成纱强度有所增加。但长丝的张力也不宜过大,过大反而对成纱强力不利[5]。这是由于毛纤维后端走出前罗拉钳口后,所受张力已经很小,而核心涤纶长丝保持一定的张力,因而毛纤维处于纱线外层,涤纶长丝张力较大,就容易处于纱线的轴心,成纱比较紧密,成纱强力增大。随着涤纶长丝预加张力的增大,成纱中长丝预应力增大,纱线松弛后收缩较大,使得纱线的断裂伸长有减小的趋势。预加张力为 1.96cN 时复合纱的断裂强力最高,断裂伸长和断裂功也增大。预加张力继续增大,复合纱的断裂强力反而下降,说明长丝上已经承受了较大的张力,超过了弹性变形状态,达到了塑性变形状态。纱线的条干 CV 值的变化情况则呈现了一种波动性。在长丝预加张力为 1.47cN 时,条干最好,而此时纱线的强力一般,断裂伸长小,说明成纱结构不够稳定。预加张力继续增大时,则强力增大而伸长也在增大,说明结构趋于稳定。因此复合纱的强伸性能和条干与成纱的结构状况是紧密相关的。

3. 涤纶长丝预加张力对纱线中纤维内外转移的影响

涤纶长丝预加张力对于成纱时加捻三角区纤维的内外转移有着较大影响,涤纶长丝预加张力越大,加捻时越容易处于纱线的轴心,而不易向外层转移[6],同时毛纤维须条越容易以涤纶长丝为中心进行缠绕。此时,涤纶长丝在复合纱的界面层上所受的压力较大,因而在涤纶长丝与短纤维之间的滑动就最小,拉伸时的伸长就可能增大。纱线的伸长由纤维间的滑移、纤维本身的伸长、纱线直径变细等三部分伸长导致[7]。如果预加张力较小,在纺纱过程中涤纶长丝就会重复地由内层转移向外层,而此时整个成纱结构比较松弛,纤维间的滑移增多,成纱断裂强力较小,断裂伸长也较小。

综合分析以上情况可知:涤纶长丝的预加张力影响了嵌入式复合纱中纤维的内外转移过程,影响了成纱的结构和状态,同时影响了成纱的强伸性能和条干水平。在纺制38.78tex毛/涤长丝嵌入式复合纱时,涤纶长丝预加张力为1.96cN的条件下,纺制的复合纱强力伸长性能、纱线条干CV值等较为理想。

5.5 涤纶长丝含量对毛/涤嵌入式复合纺纱成纱性能的影响

嵌入式复合纺纱技术中,长丝不仅对于短纤维须条起到有效增强的作用,而且对纤维须条实现有效的捕捉,特别是能够对纤维须条侧面的纤维有优良的捕捉和缠绕作用,提高了纤维利用率,减少了落纤、飞纤维等带来的纤维损失,这是其他复合纺纱系统所不能实现和完成的。因此涤纶长丝含量不仅在纺纱过程中能够影响嵌入式复合纱的纺纱过程,也能够影响嵌入式复合纱的成纱质量。本部分的研究主要通过改变毛/涤嵌入式复合纺纱的线密度,使复合纱中涤纶丝含量发生变化并进行纺纱,以分析、比较涤纶丝含量对毛/涤嵌入式复合纺纱主要性能的影响。

5.5.1 原料及成纱工艺参数

1. 原料

毛粗纱定量为3.2 g/10 m,涤纶丝的细度为4.44 tex(40D)。

2. 纺纱工艺

通过改变嵌入式复合纱的线密度,使复合纱中的长丝含量发生变化。涤纶长丝张力为1.47cN,锭子转速为7236r/min,复合纱设计捻系数为360。在其他工艺相同的条件下,分别纺制不同线密度的嵌入式复合纱,试样编号和部分纺纱工艺见表5.5.1。同时,与嵌入式复合纺纱线密度和捻系数对应的条件下纺制环锭纱,试样编号和部分纺纱工艺见表5.5.2。

表 5.5.1　嵌入式复合纺纱工艺

试样编号	1	2	3	4	5	6
设计线密度（tex）	56.14+8.88 65.02	39.02+8.88 47.90	29.90+8.88 38.78	24.24+8.88 33.12	20.38+8.88 29.26	17.58+8.88 26.46
设计捻度（T/m）	471.40	558.80	610.90	660.80	703.70	740.70
设计牵伸倍数（倍）	11.40	16.40	21.40	26.40	31.40	36.40

表 5.5.2　环锭纺纱工艺

试样编号	A1	A2	A3	A4	A5	A6
设计线密度（tex）	65.02	47.90	38.78	33.12	29.26	26.46
设计捻度（T/m）	471.4	558.8	610.9	660.8	703.7	740.7
设计牵伸倍数（倍）	9.84	13.36	16.50	19.27	21.87	24.18

3. 纺纱设备及纱线结构性能测试

（1）纺纱设备采用 HF41-01-4 多功能纺纱小样机。

（2）结构表征采用美国科视达三维视频摄像系统对纱线横纵向结构进行观察与分析，放大倍数为 200 倍。

（3）性能测试。分别采用 SFY13 型单丝张力仪、Y331 型数字式纱线捻度仪、YG（B）021DX 型台式电子单纱强力机、YG172A 型纱线毛羽测试仪、YG135E 型条干均匀度测试分析仪等测试仪器对嵌入式复合纺纱线的条干均匀度、毛羽数、纱线断裂强力和伸长进行测试。

5.5.2　复合纱的线密度、捻度和涤纶丝含量

分别测试纱线的实际线密度、捻度以及不同线密度复合纱中的涤纶丝含量，试验结果如表 5.5.3 所示。

表 5.5.3　复合纱的线密度、捻度和涤纶丝含量

试验号	1	2	3	4	5	6
实测线密度（tex）	66.52	48.57	38.82	33.54	29.36	26.68
实测捻度（T/m）	456.3	532.5	591.7	635.2	678.5	740.7
涤纶长丝含量（%）	13.75	18.76	23.22	27.17	30.76	33.61

线密度的设计值与纺出纱的线密度实测值对比见图 5.5.1。

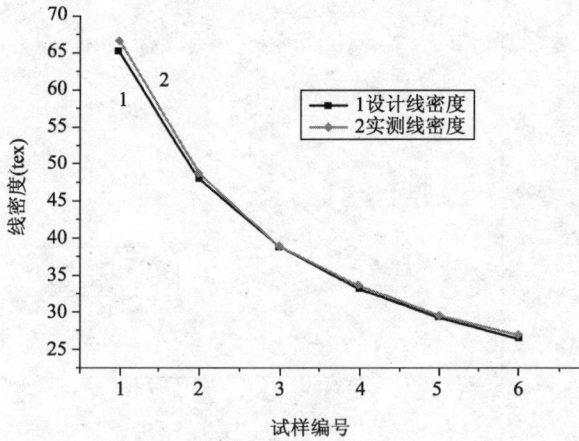

图 5.5.1　线密度的设计值与纺出纱的线密度实测值对比

由图 5.5.1 可知,嵌入式复合纱设计线密度指的是嵌入式复合纱中短纤维纱条组分的设计线密度和长丝的质量之和。嵌入式复合纱的实测线密度较设计值稍微偏大,但是总体上维持了一致性,说明该纺纱机的牵伸效率比较好,微小的差别主要是因为少量纤维被细纱吸棉风吸走导致的。

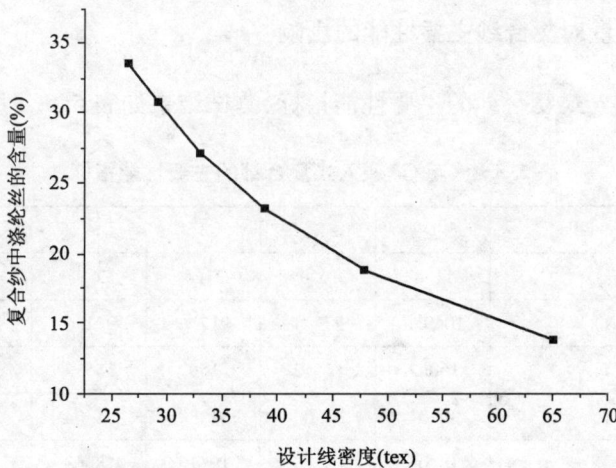

图 5.5.2　毛/涤嵌入式复合纱设计线密度与涤纶丝的含量的关系

由图 5.5.2 可知,随着复合纱设计线密度的增加,复合纱中涤纶丝的含量逐渐减小。

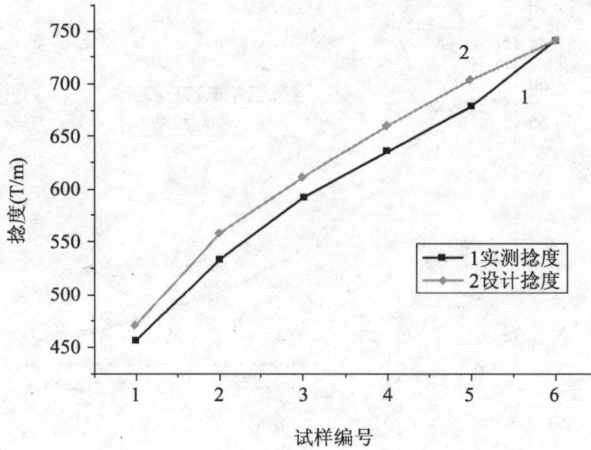

图 5.5.3 毛/涤嵌入式复合纱的捻度设计值与捻度实测值对比

毛/涤嵌入式复合纱实测捻度与设计值的比较如图 5.5.3 所示。由图 5.5.3 可知,不同线密度下,复合纱的实测捻度都小于纱线的设计捻度。这是由于毛/涤嵌入式复合纱表层纤维与长丝在加捻时存在捻回传递现象,使得纱截面的表层捻回一般都小于机器的设计捻度。

5.5.3 涤纶丝含量对复合纱主要性能的影响

测试毛/涤嵌入式复合纱的主要性能指标,测试结果如表 5.5.4 所示。

表 5.5.4 毛/涤嵌入式复合纱的主要性能指标

试验号	1	2	3	4	5	6
牵伸倍数(倍)	11.4	16.4	21.4	26.4	31.4	36.4
断裂强力(cN)	1069.0	983.4	917.6	911.6	883.6	875.8
伸长(mm)	150.2	155.2	159	155.2	150.0	152.4
伸长率(%)	30.04	31.04	31.80	31.04	30.00	30.48
断裂时间(s)	18.08	18.70	19.16	18.68	18.08	18.36
断裂功(N·m)	0.995	0.925	0.870	0.845	0.781	0.783
断裂强度(cN/dtex)	1.644	2.048	2.352	2.762	3.046	3.368
毛羽指数	8.48	6.36	7.24	4.36	4.34	6.88

试验号	1	2	3	4	5	6
条干 CV(%)	10.62	10.38	11.82	11.29	13.16	14.61
细节(−50%)	0	0	0	0	0	20
粗节(+50%)	20	0	40	0	40	0
棉结(+200%)	00	20	40	20	80	20

表 5.5.4 分别为不同线密度纱线的断裂强力、断裂伸长率、毛羽指数和条干 CV 值。随着毛/涤嵌入式复合纱线密度的减小,复合纱中的涤纶丝含量逐渐增大,复合纱的断裂强力呈现逐渐减小的趋势,断裂伸长率处于波动的状态,条干 CV 值有振荡逐步增大的趋势,毛羽指数变化也呈现波动状态。这是由于嵌入式复合纺纱系统中短纤维先与长丝进行扭缠复合,然后再与另一股复合纤维束进一步加捻复合,能够使得短纤维须条很好地嵌入成纱主体中,有效地消除了短纤维须条意外牵伸,长丝与短纤维有效地相互嵌入,形成稳定、牢固的整体,纱线强力得到增强。在复合纱的纺制过程中,涤纶长丝和毛纤维纱条以螺旋线形式互相包缠,使毛纤维纱条表面的缠绕纤维包缠紧密,成纱强力好[8]。

表 5.5.5　毛/涤嵌入式复合纱与纯毛环锭纺纱的强伸性能指标对比

试验号	1	A1	2	A2	3	A3
	复合纱	环锭纱	复合纱	环锭纱	复合纱	环锭纱
断裂强力(cN)	1069.0	366.0	983.4	197.0	917.6	165.0
伸长(mm)	150.2	52.0	155.2	55.0	159.0	25.0
伸长率(%)	30.04	10.40	31.04	11.00	31.8	5.00
断裂时间(s)	18.08	6.30	18.70	6.70	19.16	3.10
断裂功(N·m)	0.995	0.141	0.925	0.081	0.870	0.031
断裂强度(cN/dtex)	1.644	6.310	2.048	3.396	2.352	2.844

表 5.5.5 为毛/涤嵌入式复合纱与纯毛环锭纺纱的强伸性能指标对比。按照 A4、A5、A6 的工艺进行纺纱实验时,纺纱断头非常高,无法成纱,主要原因是所选择的捻系数较小所致。由表 5.5.5 可以知道在线密度、捻度相同的情况下,嵌入式复合纺纱线比环锭纺纱线的强力高、伸长率大、断裂功大得多。说明嵌入式复合纺纱线的成纱结构紧密,强伸性能较环锭纺纱线有大幅度的提高,因此相同线密度和捻度的

毛/涤嵌入式复合纺纱线比纯毛环锭纺纱线的成纱强伸性能优越。在实际生产中,这个特点在后工序的加工中能够有效地减少断头,提高加工效率,降低上浆成本,因而具有重要的意义。

5.5.4 纱线的外观形态

不同线密度的毛/涤嵌入式复合纱的外观形态如图 5.5.4 所示。可以看出,毛/涤嵌入式复合纱表面的缠绕纤维包缠较紧密,表面较光洁,这主要是由于长丝对短纤维纱条有包缠作用。涤纶长丝在复合纱中以螺旋线形式与毛纤维纱条互相包缠,呈现螺旋型股线外观[9]。毛/涤嵌入式复合纱设计捻系数相同时,线密度小的复合纱中的长丝捻度较大,包缠更加紧密,表面更加光洁,如图 5.5.4(f)所示。

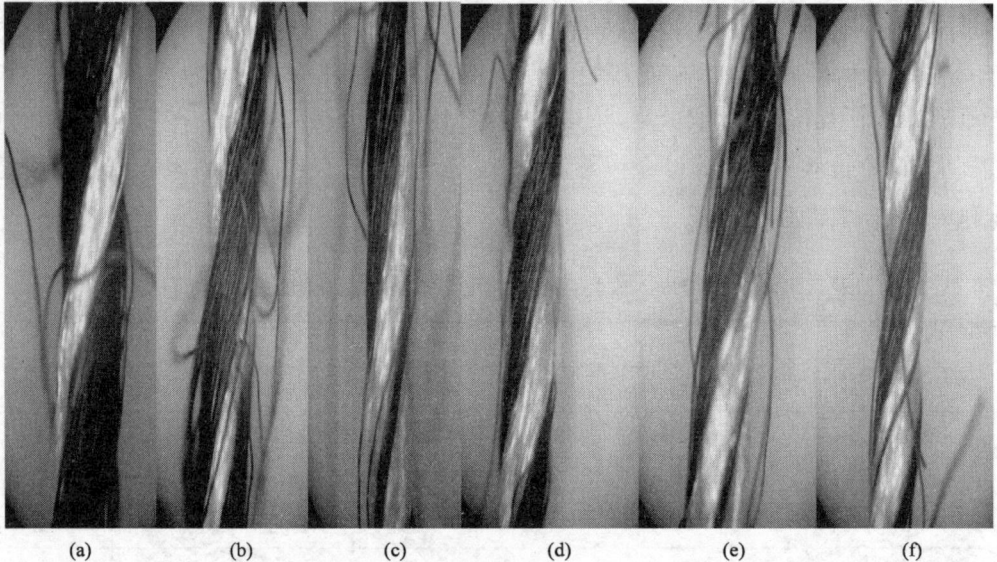

(a)   (b)   (c)   (d)   (e)   (f)

图 5.5.4 不同线密度的毛/涤嵌入式复合纱的外观形态

图 5.5.4(a)~(f)为线密度分别为 66.52tex、48.57tex 、38.82tex、33.54tex、29.36tex、26.68tex 的毛/涤嵌入式复合纱的纵向外观图。

选用相同规格的涤纶长丝,通过调整复合纱的线密度纺制不同的毛/涤嵌入式复合纱。随着毛/涤嵌入式复合纱设计线密度的降低,复合纱中涤纶丝含量逐渐增大,在其他工艺相同的条件下纺制的毛/涤嵌入式复合纱的主要性能均有一定的改变,复合纱的断裂强力呈现逐渐减小的趋势,断裂伸长率处于波动的状态,条干 CV 值有振荡逐步增大的趋势,毛羽指数变化也呈现波动状态。相同线密度和捻度的毛/涤嵌入式复合纱比纯毛环锭纺纱的成纱强伸性能优越。

5.6 几种纺纱方式对成纱性能的影响

以传统环锭纺纱技术为基础的一些新型纺纱方法,如赛络纺技术、赛络菲尔纺、包芯纱以及嵌入式复合纺技术等,其所纺纱线优于普通环锭纱线,纱线强力更高、条干更加均匀[10]。因此,研究和认识各种新型纺纱方法对于提高纱线质量、优化和升级纱线产品有很大的推动作用。当然,如何采取不同的纺纱方式,低成本地满足纱线的用途和要求,也是应该认真研究和解决的问题。

5.6.1 原料与工艺

5.6.1.1 原料及工艺参数

1. 原料

粗纱选用黑色毛粗纱,其线密度为 2.0g/10m,长丝选用白色涤纶,其线密度为 5.55tex(50D)。

2. 工艺参数(表5.6.1)

表5.6.1 各种纺纱方式的纺纱工艺参数

纺纱工艺	环锭纺	赛络纺	赛络菲尔纺	嵌入式复合纺
设计细纱定量(tex)	29	29	29	29
一根粗纱定量(g/10m)	4.0	2.0	4.0	2.0
长丝定量(tex)	5.55	5.55	5.55	5.55
锭子速度(r/min)	7900	7900	7900	7900
捻系数	360	360	360	360
总牵伸倍数(倍)	13.80	13.80	17.06	22.22
长丝张力(cN)	—	—	1.47	1.47
长丝间距(mm)	—	—	—	12
长丝与粗纱间距(mm)	—	—	4	4
粗纱与粗纱间距(mm)	—	4	4	4

5.6.1.2 纺纱设备及纱线结构性能测试

(1)纺纱设备采用 HF41-01-4 多功能纺纱小样机。

(2)结构表征采用美国科视达三维视频摄像系统对纱线横纵向结构进行观察与

分析。

（3）性能测试。分别采用 SFY13 单丝张力仪、YG（B）021DX 台式电子单纱强力机、YG172A 纱线毛羽测试仪、YG135E 条干均匀度测试分析仪等测试仪器对嵌入式复合纺纱线的条干均匀度、毛羽数、纱线断裂强力和伸长进行测试。

5.6.2 不同纺纱方式对嵌入式复合纱的影响与分析

1. 纱线横向、纵向结构分析

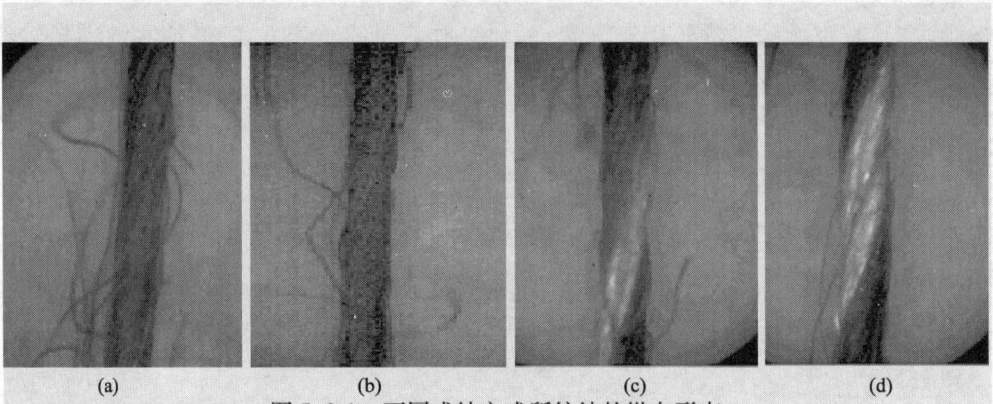

图 5.6.1 不同成纱方式所纺纱的纵向形态

（a）环锭纱 （b）赛络纱 （c）赛络菲尔纱 （d）嵌入式复合纱

图 5.6.1 为不同成纱方式所纺纱的纵向形态，图（a）～图（d）纱纵向皆呈螺旋形外观，但是外观差异明显。图（a）纱的毛羽显然多于图（b）纱的毛羽，图（c）纱和图（d）纱的显然少于图（a）纱和图（b）纱的毛羽。另外，从图（c）和图（d）还可以看出，图（d）成纱径向结构比图（c）要紧密，图（b）成纱径向结构比图（a）要紧密。由于不同的纺纱原理，外在成纱结构的不同与特点必将影响纱线的内在性能。

2. 纱线强伸性分析

表 5.6.2 各种纺纱方式的成纱强伸性能

纺纱方式	断裂强力（cN）	伸长（mm）	伸长率（%）	断裂时间（s）	断裂功（N·m）	断裂强度（cN/dtex）
环锭纺	123.200	54.000	10.800	10.42	0.054	4.247
赛络纺	140.200	60.600	12.120	11.660	0.066	4.834
赛络菲尔纺	330.800	74.200	14.840	14.240	0.144	11.400
嵌入式复合纺	493.800	64.600	12.920	12.440	0.179	17.020

表 5.6.2 为各种纺纱方式的成纱强伸性能,从中可以看出:在同样细度和捻度的条件下,由不同纺纱方式获得的成纱强伸性能有着很大的差别。经计算赛络纺、赛络菲尔纺和嵌入式复合纺的成纱强力比环锭纺纱分别提高了 13.8%、168.5%、300.8%,断裂功分别提高了 22.2%、166.7%、231.5%,嵌入式复合纺成纱的断裂强力和断裂功是最高的。这是由于一根长丝首先对短纤维须条进行包缠增强,然后再与另一支包缠增强的纱线须条进行包缠,所以短纤维在成纱过程中被有效地嵌入到成纱主体中,因此结构紧密的嵌入式复合纺方式有效地提高了成纱的强伸性能。

嵌入式复合纺能够有效地大幅提升成纱的强伸性能在纺织生产中具有重大的实际意义。在环锭纺纱过程中,纺纱张力对成纱强力起着决定性的作用,所纺纱线任何一段的强力只要低于纺纱张力,纱线就会断裂,导致纺纱断头而影响纺纱的连续进行[11],因而影响了生产效率。为了解决纱线在织造工序强力的影响问题,一方面可能需要提高配棉的等级,另外一方面可能在浆纱工序通过浆纱来增加强力减少摩擦力,这样就不可避免地需要大大增加生产成本,特别是在高支纱的生产中更是如此。嵌入式复合纺能够有效地大幅度提升成纱的强伸性能,在纺织生产中有着广阔的应用空间和前景。

3. 纱线毛羽分析

表 5.6.3　各种纺纱方式的成纱毛羽指数

纺纱方式	毛 羽 指 数								
	1mm	2mm	3mm	4mm	5mm	6mm	7mm	8mm	9mm
环锭纺	128.6	28.4	9.8	3	1	0.6	0.2	0.1	0.1
赛络纺	124.7	29.2	9.9	3.9	2.3	1.1	0.3	0.4	0.2
赛络菲尔纺	118.7	33.4	9.7	4.6	1.9	0.8	0.8	0.7	0.3
嵌入式复合纺	101	25.3	10.6	4.9	3.1	1.2	0.6	0.2	0.2

表 5.6.3 为各种纺纱方式的成纱毛羽指数,从中可以看出:赛络纺、赛络菲尔纺和嵌入式复合纺的成纱毛羽较环锭纺纱有所降低,经计算分别降低了 3.03%、7.7%、21.5%,嵌入式复合纺的成纱毛羽是最低的。这是由于嵌入式复合纺纺纱过程中长丝对短纤维的紧密包缠作用,降低了短纤维的强度不匀,并减少了短纤维头端外露的现象,因而纱线表面光洁,成纱毛羽减少。

4. 纱线条干均匀度分析

表5.6.4   各种纺纱方式的成纱乌斯特条干指标

纺纱方式	乌斯特条干				
	条干 CV(%)	U 值(%)	细节(-50%) (个/km)	粗节(+50%) (个/km)	棉结(+200%) (个/km)
环锭纺	15.49	12.05	2	3	3
赛络纺	14.37	11.47	1	0	0
赛络菲尔纺	12.29	9.64	0	1	1
嵌入式复合纺	10.18	8.14	0	0	0

表5.6.4为各种纺纱方式的成纱乌斯特条干,从中可以看出:赛络纺、赛络菲尔纺和嵌入式复合纺的成纱条干值较环锭纺纱有所降低,经计算分别降低了7.2%、20.6%和34.3%,显示出嵌入式复合纺纱的成纱条干最好。这是由于嵌入式复合纺纱纱时长丝对短纤维须条进行有效的捕捉,特别是能够对纤维须条侧面的纤维有优良的捕捉和缠扰作用,提高了纤维的利用率。短纤维首先与长丝进行扭缠复合,然后再与另一股复合纤维束进一步加捻复合,能够使得短纤维须条很好地嵌入成纱主体中。在此过程中,长丝与短纤维能够有效地相互嵌入,形成稳定、牢固的整体,有效地消除短纤维须条意外牵伸,成纱条干好。

总之,由于环锭纺、赛络纺、赛络菲尔纺和嵌入式复合纺等纺纱方式原理的不同,造成了成纱结构的不同与不同的特点,进而影响了纱线的内在性能。在环锭纺、赛络纺、赛络菲尔纺和嵌入式复合纺四种纺纱方式中嵌入式复合纺成纱的强伸性能、毛羽指数和条干水平是最优的。

5.7   后区牵伸倍数对嵌入式复合纺纱成纱质量的影响

将纤维须条拉长拉细的过程被称为牵伸,这是须条中的纤维沿着其长度方向做相对运动的结果,这样做的目的是使须条达到所规定的细度,这也是须条变细的主要方法。在拉细的过程中,必须对须条施加外力,从而克服纤维间的抱合力和摩擦力,使纤维间能够发生相对运动,由于抱合力和摩擦力的作用,须条中的纤维伸直平行。牵伸倍数表示牵伸作用的大小,主要靠罗拉的输出速度大于喂入速度,从而使纤维获得轴向位移,使纤维排列在更大的长度上[12]。一般牵伸系统由前罗拉、中罗拉和后罗拉组成,前罗拉和后罗拉的速度比决定总牵伸倍数。总牵伸倍数依据喂入的粗纱定量和所纺纱的线密度决定,而后牵伸倍数是个在某一范围内变化的常数,主要由中罗拉和后罗拉的速度决定。后牵伸倍数的大小,决定了纤维的伸直平行度,从而影响成纱的质量。

涤纶短纤维粗纱参数为:粗纱定量为 5.0g/10m,其中涤纶短纤维细度为 1.33dtex,长度为 38mm,颜色为白色,涤纶长丝规格为 3.33tex/12F,其他工艺参数相同:涤纶长丝间距为 12mm,长丝与粗纱间距为 2mm,预加张力为 1.47cN,捻系数为 380,所纺纱线的线密度为 28tex。

5.7.1 后区牵伸倍数对嵌入式复合纱强伸性的影响分析

表 5.7.1 为后区牵伸倍数对嵌入式复合纱强伸性的影响。从表中可知,随着后牵伸倍数的增加,嵌入式复合纱的断裂强力先增加后降低,当后牵伸倍数为 1.30 时,成纱的断裂强力最大。这说明牵伸倍数太大或者太小对成纱的断裂强力均不利,需要寻找一个最佳的后牵伸倍数。

表 5.7.1 后区牵伸倍数对嵌入式复合纱强伸性的影响

后牵伸倍数	断裂强力(cN)		伸长(mm)		伸长率(%)		断裂功(N·m)		断裂强度(cN/tex)	
	平均值	CV(%)	平均值	CV(%)	平均值	CV(%)	平均值	CV(%)	平均值	CV(%)
1.25	1071.00	3.22	78.40	3.06	15.68	3.06	0.399	5.53	36.20	3.22
1.30	1086.00	6.41	77.40	6.07	15.48	6.07	0.40	10.39	36.70	6.42
1.35	1073.00	5.25	78.40	3.18	15.68	3.18	0.40	7.52	3.63	5.25
1.40	1043.00	7.62	76.60	4.69	15.32	4.69	0.38	11.08	35.23	7.62
1.45	994.60	4.02	74.80	2.54	14.96	2.54	0.35	6.49	33.59	4.01

5.7.2 后区牵伸倍数对嵌入式复合纱毛羽的影响分析

从表 5.7.2 中的数据可以看出,后牵倍数为 1.40 倍时,毛羽数最多,而后牵倍数为 1.30 倍时,毛羽数最少,说明后牵倍数对嵌入式复合纱毛羽影响没有表现出明显的规律,但整体趋势是先降低后增加。当后牵倍数值为 1.30 倍时,嵌入式复合纱毛羽数最少。

表 5.7.2 　后区牵伸倍数对嵌入式复合纱毛羽指数的影响

后区牵伸倍数(倍)	毛羽(根/m)								
	1mm	2mm	3mm	4mm	5mm	6mm	7mm	8mm	9mm
1.25	72.50	11.37	2.57	0.67	0.20	0.07	0.10	0.00	0.00
1.30	70.57	10.63	2.43	0.83	0.30	0.13	0.13	0.03	0.00
1.35	73.33	12.00	2.77	0.97	0.67	0.37	0.13	0.07	0.03
1.40	74.67	11.33	3.37	1.43	0.70	0.20	0.10	0.03	0.00
1.45	73.23	12.40	2.70	0.93	0.43	0.17	0.10	0.03	0.00

5.7.3　后区牵伸倍数对嵌入式复合纱条干均匀度的影响分析

从图 5.7.1 中可以很明显地看出,随着后区牵伸倍数的增加,嵌入式复合纱的条干 CV 值先降低后增加,当后区牵伸倍数为 1.40 倍时条干 CV 值最低,此时成纱条干最均匀,纱体比较光洁。当后区牵伸倍数过大时,条干 CV 值增加的幅度特别大,成纱质量变差,这是因为后区牵伸倍数过大,前区牵伸倍数太小,纤维在前区牵伸部分的伸直度不够,在后区牵伸部分纤维之间的抱合力和摩擦力明显降低,使纱线的条干 CV 值降低。

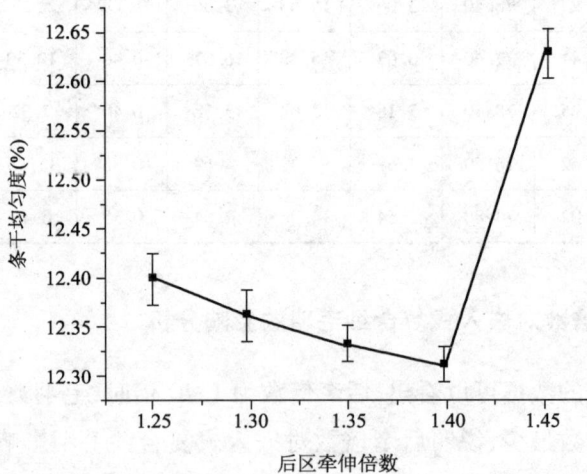

图 5.7.1　后区牵伸倍数对嵌入式复合纱条干均匀度的影响

综合以上分析可知,当后区牵伸倍数为 1.30 倍时,嵌入式复合纱的强伸性最好,毛羽数最少。当后区牵伸倍数为 1.40 倍时,复合纱的条干均匀度最好。综合所有因素,线密度为28tex嵌入式复合纱的最优后区牵伸倍数为1.30倍。

5.8 嵌入式复合纺纱工艺参数的优化

通过对嵌入式复合纺纱工艺参数的初步探索,只能确定出纺纱工艺的一个最佳范围,嵌入式复合纱的长丝与粗纱间距、长丝与长丝间距、长丝预加张力、成纱捻系数及后区牵伸倍数对纱线性能的影响较大,且各工艺参数对纱线各项性能的影响各不相同,因此需要寻求一个最佳的工艺参数组合,使综合成纱性能达到最优。本节应用正交试验的方法,用嵌入式复合纱的断裂强力、断裂伸长、毛羽指数、条干CV值作为评价指标,优化嵌入式复合纺的工艺参数,得到最佳的工艺配置。

5.8.1 试验方案

试验原料:粗纱定量为5.0g/10m;涤纶短纤维细度为1.33dtex,长度为38mm,颜色为白色;涤纶长丝规格为30D/12F;所纺纱线的线密度为28tex。

工艺参数包括捻系数、长丝与粗纱间距、长丝与长丝间距、长丝预加张力及后区牵伸倍数5个因素,所以采用L16(45)的正交试验表,每个因素选择4个水平,正交试验的因素如表5.8.1所示,包括嵌入式复合纱的断裂强力、伸长、毛羽指数、条干CV值等四项成纱质量指标。

表5.8.1 因素水平表

水平	因素				
	长丝与粗纱间距(mm)(A)	长丝间的间距(mm)(B)	长丝预加张力(cN)(C)	捻系数(D)	牵伸倍数(E)
1	1	10	0.49	340	1.25
2	2	12	0.98	360	1.30
3	3	14	1.47	380	1.35
4	4	16	1.96	400	1.40

5.8.2 试验结果和优化分析

试验方案及测试结果如表5.8.2所示。正交试验过程中应该注意以下几个方面的问题,试验顺序可以随机安排,这样可以减少误差。在每一方案下,要做3次重复试验,然后取平均值,以便能够很好地反映客观情况。

表 5.8.2　实验方案及测试结果

方案号	试验方案					断裂强力（cN）	伸长（mm）	毛羽指数（根/m）	条干 CV(%)
	A	B	C	D	误差列				
1	1	1	1	1	1	961.40	65.80	4.67	11.97
2	1	2	2	2	2	996.40	69.20	3.29	11.20
3	1	3	3	3	3	1045.00	69.60	2.37	10.93
4	1	4	4	4	4	1013.00	63.80	2.13	10.64
5	2	1	2	3	4	942.60	67.20	3.13	10.97
6	2	2	1	4	3	989.40	68.40	2.43	11.01
7	2	3	4	1	2	1001.00	70.40	1.90	10.97
8	2	4	3	2	1	974.00	68.00	2.17	11.73
9	3	1	3	4	2	929.00	69.20	2.53	10.37
10	3	2	4	3	1	1033.00	75.20	2.30	10.93
11	3	3	1	2	4	956.60	65.20	1.97	11.24
12	3	4	2	1	3	951.60	66.60	2.00	11.17
13	4	1	4	2	3	932.60	70.80	2.63	11.42
14	4	2	3	1	4	1000.00	68.00	2.30	11.06
15	4	3	2	4	1	939.80	68.60	3.17	10.90
16	4	4	1	3	2	913.60	65.40	2.43	10.94

1. 极差分析法

表 5.8.3 为断裂强力的正交计算表,其余各项嵌入式复合纱成纱质量指标的处理方法与断裂强力的计算方法相同,结果分析的方法也相同,为简便起见只将表格中的计算结果列出,分别见表 5.8.4、表 5.8.5 和表 5.8.6。

表 5.8.3　断裂强力的正交计算表

方案号	试验方案					断裂强力(cN)(y)
	A	B	C	D	误差列	
1	1	1	1	1	1	961.40 (y1)
2	1	2	2	2	2	996.40 (y2)
3	1	3	3	3	3	1045.00 (y3)
4	1	4	4	4	4	1013.00 (y4)
5	2	1	2	3	4	942.60 (y5)

方案号	试验方案					断裂强力（cN）（y）
	A	B	C	D	误差列	
6	2	2	1	4	3	989.40（y6）
7	2	3	4	1	2	1001.00（y7）
8	2	4	3	2	1	974.00（y8）
9	3	1	3	4	2	929.00（y9）
10	3	2	4	3	1	1033.00（y10）
11	3	3	1	2	4	956.60（y11）
12	3	4	2	1	3	951.60（y12）
13	4	1	4	2	3	932.60（y13）
14	4	2	3	1	4	1000.00（y14）
15	4	3	2	4	2	939.80（y15）
16	4	4	1	3	2	913.60（y16）
T1	4015.8	3765.6	3821.0	3914.0	3910.0	15579（T）
T2	3907.0	4018.8	3830.4	3859.6	3840.0	
T3	3870.2	3942.4	3948.0	3934.2	3918.6	
T4	3786.0	3852.2	3979.6	3871.2	3912.2	
t1（j）	1003.95	941.40	955.25	978.50	977.05	
t2（j）	976.75	1004.70	957.60	964.90	960.00	$T_i(i=1,2,3,4)$ 为各因素同一水平试验指标之和，T 为所有强力值之和
t3（j）	967.55	985.60	987.00	983.55	979.65	
t4（j）	946.50	963.05	994.90	967.80	978.05	
R（j）	57.45	63.30	39.65	18.65	19.65	
主次顺序	B > A > C > E > D					
优水平	A1	B2	C4	D3	E4	
优组合	A1B2C4D3E4					

表5.8.3中：t1（j）为第 j 列的水平1对应数据之和的平均值；t2（j）为第 j 列的水平2对应数据之和的平均值；t3（j）为第 j 列的水平3对应数据之和的平均值；t4（j）为第 j 列的水平4对应数据之和的平均值；R（j）为第 j 列 t1（j）、t2（j）、t3（j）、t4（j）的极差。

根据极差 R（j）的数据可知，第2列、第1列、第3列的极差较大，第5列和第4列的极差较小。这反映了当因素 B、A、C 的水平波动时，指标波动较大，说明因素 B、A、

C 对指标影响较大;因素 E 和 D 的水平变动时,指标变动较小,说明因素 E 和 D 对指标影响相对较小。由此可以排出因素的主次顺序:B > A > C > E > D。

通过比较 t1(j)、t2(j)、t3(j)、t4(j) 的大小可选出排在第 j 列因素的最高水平,如第 1 列的因素 A,t1(1) = 1003.95、t2(1) = 976.75、t3(1) = 967.55、t4(1) = 946.50 分别表示因素 A 的三个水平的平均断裂强力,经比较可知当因素 A 取 A1 时,断裂强力最大,所以 A1 的效果最好。同理可以选出因素 B、C、D、E 的最好条件分别为 B2、C4、D3、E4,从而得到优水平为:A1、B2、C4、D3、E4,最后得到优组合为:A1B2C4D3E4。

表 5.8.4 伸长的正交计算表

方案号	试验方案				
	A	B	C	D	E
t1(j)	69.10	67.75	65.70	67.20	68.90
t2(j)	68.50	70.20	67.90	68.30	68.55
t3(j)	69.05	68.45	68.70	69.35	68.85
t4(j)	68.20	68.45	72.55	70.00	68.55
R(j)	0.90	2.45	6.85	2.80	0.35
主次顺序	C > D > B > A > E				
优水平	A4	B4	C1	D2	E4
优组合	A4 B4 C1 D2 E4				

表 5.8.5 毛羽的正交计算表

方案号	试验方案				
	A	B	C	D	E
t1(j)	3.12	3.24	2.89	2.72	3.08
t2(j)	2.41	2.58	2.90	2.51	2.54
t3(j)	2.20	2.35	2.34	2.56	2.36
t4(j)	2.63	2.18	2.24	2.57	2.38
R(j)	0.92	1.06	0.66	0.20	0.72
主次顺序	B > A > E > C > D				
优水平	A3	B4	C4	D2	E3
优组合	A3 B4 C4 D2 E3				

表 5.8.6　条干的正交计算表

方案号	试验方案				
	A	B	C	D	E
t1(j)	11.19	11.18	11.29	11.29	11.38
t2(j)	11.17	11.05	11.06	11.40	10.87
t3(j)	10.93	11.01	11.02	10.94	11.13
t4(j)	11.08	11.12	10.99	10.73	10.98
R(j)	0.26	0.17	0.30	0.67	0.51
主次顺序	D > E > C > A > B				
优水平	A3	B3	C4	D4	E2
优组合	A3 B3 C4 D4 E2				

根据以上分析,分别将上面的每一个指标各个因素的较优水平,按照因素从主到次的顺序排列。

对强力:B2,A1,C4,E4,D3

对伸长:C1,D2,B4,A4,E4

对毛羽:B4,A3,E3,C4,D2

对条干:D4,E2,C4,A3,B3

以上四个指标单独分析出的优化条件不一致,必需根据因素的影响主次综合考虑,从而确定最佳工艺条件。

对于因素 A(长丝与粗纱间距),其对强力和毛羽的影响排第二位,此时取 A1 和 A3,其对伸长和条干的影响排在第三位,此时取 A4 和 A3,综合四个指标可以取 A3。同理可分析 B 取 B4,C 取 C4,D 取 D2 和 E 取 E4。优组合为 A3B4C4D2E4,即最优工艺为:长丝与粗纱间距为 3mm,长丝与长丝间距为 16mm,长丝预加张力为 1.96cN,捻系数为 360,后区牵伸倍数为 1.40 倍。

2. 方差分析法

极差分析法的优点是简单直观,计算量小,但不能估计出实验误差的大小,也不能定量的判断每个因素对实验指标的影响是否显著,方差分析法弥补了极差分析法的这些不足。

方差分析中,各指标的计算公式如表 5.8.7 所示,其中 n 表示试验号数;a、b、c、d、e 表示用 A、B、C、D、E 因素各水平重复数;Ka、Kb、Kc、Kd、Ke 表示 A、B、C、D、E 因素

的水平数;本试验中,$n=16$、$a=b=c=d=e=4$、$Ka=Kb=Kc=Kd=Ke=4$。

表 5.8.7　方差分析相关指标计算公式

名称	公式	名称	公式
矫正数	$C = T^2/n$	A 因素自由度	$df_A = K_a - 1$
总平方和	$SS_T = \sum y^2 - C$	B 因素自由度	$df_B = K_b - 1$
A 因素偏差平方和	$SS_A = \sum T_A^2/a - C$	C 因素自由度	$df_C = K_c - 1$
B 因素偏差平方和	$SS_B = \sum T_B^2/b - C$	D 因素自由度	$df_D = K_d - 1$
C 因素偏差平方和	$SS_C = \sum T_C^2/c - C$	误差自由度	$df_E = df_A - df_B - df_C - df_D$
D 因素偏差平方和	$SS_D = \sum T_D^2/d - C$	均方差	$MS_{因素} = \dfrac{SS_{因素}}{df_{因素}}, MS_E = \dfrac{SS_E}{df_E}$
误差偏差平方和	$SS_e = SS_T - SS_A - SS_B - SS_C - SS_D$	F 统计量	$F_{因素} = \dfrac{MS_{因素}}{MS_E}$
总自由度	$df_T = n - 1$	—	—

注　方差分析中把后区牵伸倍数当做误差列。

结合表 5.8.2、表 5.8.3 中的数据和表 5.8.7 的计算公式,可以得到表 5.8.8 的强力方差分析表。由 F 分布临界值表,可得 F0.05 和 F0.01 的值。

表 5.8.8　强力方差分析表

方差来源	偏差平方和	自由度	均方差	F	F0.05	F0.01	显著性
长丝与粗纱间距	6808.11	3	2269.37	7.65	9.28	29.5	—
长丝与长丝间距	9037.29	3	3012.43	10.15	9.28	29.5	*
长丝张力	4903.77	3	1634.59	5.51	9.28	29.5	—
捻系数	929.25	3	309.75	1.04	9.28	29.5	—
误差	890.00	3	296.67				

备注:表 5.8.8 中,如果 F0.01 > F > F0.05,则拒绝原假设,认为该因素或交互作用对试验结果有显著影响,用"＊"表示;若 F > F0.01,则拒绝原假设,认为该因素或交互作用对试验结果有非常显著影响,用"＊＊"表示;F < F0.05,则认为该因素或交互作用对试验结果无显著影响。

同理可以得到表 5.8.9 伸长方差分析表、表 5.8.10 毛羽方差分析表和表 5.8.11 条干方差分析表。

表 5.8.9　伸长方差分析表

方差来源	偏差平方和	自由度	均方差	F	F0.05	F0.01	显著性
长丝与粗纱间距	2.29	3	0.76	5.35	9.28	29.5	
长丝与长丝间距	13.11	3	4.37	30.69	9.28	29.5	＊＊
长丝张力	97.85	3	32.62	229.15	9.28	29.5	＊＊
捻系数	18.09	3	6.03	42.35	9.28	29.5	＊＊
误差	0.43	3	0.14	—	—	—	

表 5.8.10　毛羽方差分析表

方差来源	偏差平方和	自由度	均方差	F	F0.05	F0.01	显著性
长丝与粗纱间距	1.85	3	0.62	12.33	9.28	29.5	＊
长丝与长丝间距	2.58	3	0.86	17.20	9.28	29.5	＊
长丝张力	1.44	3	0.48	9.60	9.28	29.5	
捻系数	0.09	3	0.03	0.63	9.28	29.5	—
误差	0.15	3	—	—	—	—	

表 5.8.11　条干方差分析表

方差来源	偏差平方和	自由度	F	F0.05	F0.01	显著性
长丝与粗纱间距	0.17	3	2.83	9.28	29.5	—
长丝与长丝间距	0.07	3	1.17	9.28	29.5	—
长丝张力	0.22	3	3.73	9.28	29.5	—
捻系数	1.15	3	19.17	9.28	29.5	＊
误差	0.06	3	—	—	—	—

　　由表 5.8.8 可知,长丝与长丝间距对嵌入式复合纱强力的影响比较显著,其他 4 个因素影响不明显,可以忽略不计。从实验数据可以看出,长丝与长丝间距的最佳值为 14mm,此时的强力值最高为 1045cN。从表 5.8.9 可以看出,长丝与长丝间距、长丝预加张力及捻系数对复合纱伸长性能影响非常显著,而长丝与粗纱间距对伸长的影响很小,可以忽略不计。通过试验结果的比较,发现长丝与长丝间距为 16mm,长丝预加张力为 2.04g 及捻系数为 400 时,嵌入式复合纱的伸长为 65.2mm,此时伸长最小,更适应缝纫线的生产。由表 5.8.10 可以看出,长丝与粗纱间距和长丝与长丝间

距对嵌入式复合纱的毛羽影响显著,结合实验数据可得,长丝与粗纱间距为 2mm 和长丝与长丝间距为 14mm 时,嵌入式复合纱的毛羽最少,此时 3mm 的毛羽指数为 1.90 根/m。由表 5.8.11 可知,捻系数对嵌入式复合纱的条干影响显著,其他几个因素影响很小,可忽略不计。从测试的数据来看,捻系数最佳值为 400,此时条干 CV 值最小,条干均匀度最高。

5.8.3 优化结果

对以上指标进行综合分析可以看出,当长丝与粗纱间距为 2mm 及长丝与长丝间距为 14mm 时,绝大部分的指标均处于比较理想的状态。当捻系数为 400 时,各项指标都处于最优状态。长丝预加张力为 1.96cN 时,成纱性能较优。

综合以上分析,可以得到所选工艺参数的最优值为:长丝与粗纱间距为 2mm,长丝与长丝间距为 14mm,长丝预加张力为 1.96cN,捻系数为 400。

由以上分析可知,最佳单一因素的组合为:长丝与粗纱间距为 2mm,长丝与长丝间距为 12mm,长丝预加张力为 1.96cN,捻系数为 400。

采用优化以后所得到的工艺参数重新纺纱,并对其成纱指标进行测试,将所得到的值与上面 16 种纱线各指标的平均值及单因素最优值进行比较,数据见表 5.8.12。由表 5.8.12 可知,优化后纱线性能的各项指标均优于单一因素最优组合和 16 种纱线各指标的平均值。

表 5.8.12 优化后纱线的性能指标与平均水平的比较

名称	断裂强力(cN)	伸长(mm)	毛羽指数(根/m)	条干 CV(%)
单一因素最优组合	1086.50	70.53	2.49	11.03
极差分析最优组合	1096.43	66.97	2.56	10.96
方差分析最优组合	1156.82	64.28	2.13	10.84
平均值	973.69	68.21	2.59	11.09

参考文献

[1] 肖丰,李营建. 大豆纤维氨纶包芯纱定量及氨纶含量的测试与计算[J]. 四川纺织科技,2004 (2):10－11,14.

[2] 苏玉恒,康强,周蓉. 竹棉涤包芯纱的纺制[J]. 棉纺织技术,2006(3):47－50.

[3] 苏玉恒,杨明霞. 多组份复合纱定量设计[J]. 现代纺织技术,2007(1),21－23.

[4] 张晓艳,赵宏. 捻系数对棉/涤纶长丝 Sirofil 复合纱成纱性能的影响[J]. 山东纺织科技,2007
    (5):7-9.

[5] 王秀燕. 棉/涤 Sirofil 复合纱的开发及性能测试[J]. 现代纺织技术,2005(1):8-10.

[6] 杜梅. 预加张力对涤/棉/丝 Sirofil 复合纱性能的影响研究[J]. 上海纺织科技,2007(1)
    38-39.

[7] 钱军,余燕平,俞建勇,王善元. 须条与长丝间距对 Sirofil 成纱结构性能的影响[J]. 东华大学
    学报,2004(1)12-14.

[8] 张喜昌,张海霞. 氨纶丝含量对转杯复合纱主要性能的影响[J]. 河南工程学院学报,2008
    (3):6-9.

[9] 黄华. 赛络菲尔纺纱工艺与性能探讨[J]. 国际纺织导报,1998(3)20-23.

[10] K. P. S. C., and C. Y., A Study of Compact Spun Yarns[J],Textile Res. J. 2003,73(4): 345-
    349.

[11] A. P. M., S. S., K. S. S. S., and B. S., Estimation of Spinning Tension from the Characteristic
    Smallest Value of Yarn Strength[J],J. Textile Inst. 1997,88(1): 162-164.

[12] 杨锁廷. 纺纱学[M]. 北京:中国纺织出版社,2004.5.

[13] 孙洪卫,王春燕,邢红欣. 赛络纱赛络复合纱纱线性能的测试分析[J]. 山东纺织科技,2004
    (1):8-9.

[14] 侯祖龄,杨锡敏. 双组份纺纱在高支轻薄型产品开发中的应用. 上海毛麻科技,1998(4):
    21-29.

[15] 梁惠. Sirofil 纱线的强伸及耐磨性分析[J]. 郑州纺织工学院学报,1998(4):36-38.

[16] 刘红义. 棉型 Sirofil 纺纱工艺与纱线性能研究[D]. 上海:东华大学学报,2003.

[17] 李慧暄. 赛络纺捻度分布与结构分析[J]. 纺织学报,1994(1):8-10.

[18] 郁崇文. 新型纺纱技术的发展[J]. 棉纺织技术,2003(1):9-12.

[19] 陈军,王玲芳,叶汶祥等. 长丝预加张力对毛涤嵌入式复合纺成纱性能的影响[J]. 上海纺织
    科技,2009(11):1-2.

[20] 于伟东. 纺织材料学[M]. 北京:中国纺织出版社,2008:218.

[21] 张一鸣,何朝军. 赛络纺涤粘复合纱的结构分析[J]. 棉纺织技术,2000(9):17-19.

[22] 魏铭森,季涛,陈蓉娟. 赛络纺加捻过程的理论分析[J]. 纺织高校基础科学学报,1999(12):
    166-169.

[23] 彭俊艳,陈美玉. 长丝短纤并捻复合纱拉伸力学性能与捻度关系[J]. 四川纺织科技,2002
    (6):10-12.

[24] W. Wegener,Landwehrkamp,textile-Praxis 17,No. 12,1218(1962).

[25] W. E. Morton,The Arrangement of Fibres in Single Yarns[J],Textile Res. J. 1956,26(5):325-
    331.

[26] F. T. Pierce, Geometrical Principles Applicable to the Design of Functional Fabrics[J], Textile Res. J. 1947,17(3): 123 - 147.

[27] W. E. Morton, and K. C. Yen, the arrangement of fibres in fibro yarns[J], J. Textile Inst. 1952, 43(2): 60 - 66.

[28] A. El - Shiekh, and S. Backer, The Mechanics of Fiber Migration Part I: Theoretical Analysis[J], Textile Res. J. 1972,42(3): 137 - 146.

[29] J. W. S. Hearle, P. R. Lord, and N. Senturk, Fibre Migration in Open - end - Spun Yarns[J], J. Textile Inst. 1972,63(11): 605 - 617.

[30] Booth, J. E. ,"Textile mathematics," vol. Ⅱ, The Textile Institute, Manchester, U. K. , 1975, pp. 333,350.

[31] J. W. S. Hearle, B. S. Gupta, and V. B. Merchant, Migration of Fibers in Yarns Part I: Characterization and Idealization of Migration Behavior[J], Textile Res. J. 1965,35(4): 329 - 334.

[32] F. Happey. , Contemporary Textile Engineering[M], The Greystone Press, Antrim. New York, U. K. ,1982: 80.

[33] Basu A. Influence of Yarn Structural Parameterson Rotor2 spun Yarn Properties [J]. J. Text. Inst. ,2000,91 (1) : 179 - 182.

[34] Zhang Hai - xia, Xue Yuan, Wang San - yuan. Rotor - Spun Composite Yarns with Spandex [J]. Fibers and Polymers,2006,7 (1) : 66 - 69.

[35] S. S. N. ,Z. A. K. ,and X. G. W. ,The new Solo - Siro spun process for worsted yarns[J], J. Textile Inst. 2006,97(3):205 - 210.

[36] A. P. M. ,S. S. ,K. S. S. S. ,and B. S. ,Estimation of Spinning Tension from the Characteristic Smallest Value of Yarn Strength[J], J. Textile Inst. 1997,88(1): 162 - 164.

[37] K. P. S. C. ,and C. Y. ,A Study of Compact Spun Yarns[J], Textile Res. J. 2003,73(4): 345 - 349.

第6章　嵌入式复合纱产品创新

6.1　麻类嵌入式复合纱的开发

亚麻纤维长度短、整齐度差、相互抱合力较差,导致纺纱生产难度极大。纯麻纱线细度一般只有 14.5tex ~ 19.4tex,纱线的品质与相同细度的棉纱和化纤纱相比有较大差距,影响了亚麻类混纺系列纱线及其纺织品市场的发展空间。棉纤维具有吸湿、透气的特点。莫代尔纤维具有较好的悬垂性、优良的舒适性,光泽柔和,富有蚕丝般的手感。

6.1.1　精梳亚麻/黏胶/维纶 15/20/65 5.8tex×2(W2.22tex×2)嵌入式复合纱产品开发

某公司是从事麻类纤维混纺纱线生产的纺织企业,主要产品为麻类混纺、纯麻纺、纯棉等纱线。但是由于麻类纤维的特点,该公司的麻类产品成纱支数低、产品质量不高,因此想利用嵌入式复合纺纱技术开发高支的产品,经过充分的研究首先确定了以两根 2.22tex 水溶性维纶长丝,外包两根精梳亚麻/黏胶 40/60 混纺粗纱(JL/R40/60)的混合纤维,用嵌入式复合纺纱技术开发精梳亚麻/黏胶/维纶 15/20/65 5.8tex×2(W2.22tex×2)[JL/R/W15/20/65 5.8tex×2(W2.22tex×2)]嵌入式复合纱的方案(J 为精梳、L 为亚麻、R 为黏胶、W 为水溶性维纶)。

1. 喂入原料

喂入的粗纱是精梳亚麻/黏胶 40/60 混纺粗纱,喂入的长丝是两根细度为 2.22tex 水溶性维纶长丝。

2. 试纺工艺及成纱质量指标

根据试纺产品的特点设计了试纺工艺并进行了成纱质量检测,JL/R/W15/20/65 5.8tex×2(W2.22tex×2)试纺工艺如下:配好重量的麻条和黏胶纤维进入开清棉系统成卷,梳棉机制成混合条,条卷机牵伸倍数为 1.728 倍,精梳牵伸倍数为 97.5 倍,预并牵伸倍数为 7.935 倍,末并牵伸倍数为 6.41 倍,粗纱牵伸倍数为 13.8 倍,细纱牵伸倍数为 89 倍,捻系数为 410,捻向为 Z 捻,双喇叭口间距为 6mm,导丝轮间距为

10mm,长丝张力为 1.96cN。

表 6.1.1 为 JL/R/W15/20/65 5.8tex×2(W2.22tex×2)的综合质量指标,表 6.1.2 为 JL/R/W15/20/65 5.8tex×2(W2.22tex×2)的毛羽指标。

表 6.1.1 JL/R/W15/20/65 5.8tex×2(W2.22tex×2)综合质量指标

重量 CV (%)	单强 (cN/tex)	单强 CV (%)	条干 CV (%)	细节 -50% (个/km)	粗节 +50% (个/km)	棉结 +200% (个/km)
0.8	20.1	6.2	18.6	98	1426	1648

表 6.1.2 JL/R/W15/20/65 5.8tex×2 (W2.22tex×2)毛羽指标

项 目	毛羽长度								
	1mm	2mm	3mm	4mm	5mm	6mm	7mm	8mm	9mm
平均值	688.20	118.00	45.40	0.40	4.20	2.30	2.20	0.90	0.90
级差	242.00	52.00	44.00	1.00	6.00	6.00	3.5.00	2.40	2.00
频数比	79.59	14.29	5.67	0.23	0.43	0.43	0.12	0.00	0.28
毛羽指数	44.10	9.00	2.70	0.20	0.42	0.39	0.15	0.10	0.28
毛羽数 CV(%)	17.07	5.56	30.99	136.90	70.11	70.93	71.72	58.8	109.12

3. JL/R/W15/20/65 5.8tex×2(W2.22tex×2)嵌入式复合纱产品开发总结

成功试纺生产了 JL/R/W15/20/65 5.8tex×2(W2.22tex×2)嵌入式复合纱,从试纺指标来看,成纱条干、强力、毛羽均比一般环锭麻类纱的质量有较大的提高,试纺取得了极大的成功。但是水溶性维纶长丝的价格很高,将会导致产品成本的升高。考虑用一根高支棉纱代替一根水溶性维纶长丝,降低产品成本,同时用莫代尔纤维取代黏胶进行精梳亚麻/莫代尔/维纶/棉 20/10/30/40 7.3tex×2(W2.22tex + JC5.8tex)[JL/M/W/C20/10/30/40 7.3tex×2(W2.22tex + JC5.8tex)]嵌入式复合纱的产品开发。

6.1.2 精梳亚麻/莫代尔/维纶/棉 20/10/30/40 7.3tex×2 (W2.22tex + JC5.8tex) 嵌入式复合纱产品开发

某公司虽然有 5 万锭棉纺生产线,但是最高纱支仅为精梳棉 9.7tex (JC9.7tex)。为了配合产品开发的工作,在 5 万锭棉纺生产线上生产了精梳棉纱 5.8tex (JC5.8tex)。

6.1.2.1 JC5.8tex 试纺工艺及成纱质量指标

JC5.8tex 的工艺见表 6.1.3,质量指标见表 6.1.4。

表 6.1.3 JC5.8tex 工艺表

品　种	JC5.8tex	
配棉成分	阿克苏 L137A 棉花	
试纺工艺	梳棉生条定量(g/5m):18	
	预并条定量(g/5m):18	并合数(根):6
	小卷定量(g/m):48	并合数(根):24
	精梳条定量(g/5m):15	并合数(根):8
	末并条定量(g/5m):14	并合数(根):8
	粗纱干重(g/10m):2.8	
	单纱定量(g/100m):湿重 0.584	干重(g/100m):0.538
	公定回潮率(%):8.5	
	细纱牵伸倍数(倍):52.0	单纱捻度(T/m):1650

表 6.1.4 JC5.8tex 质量指标

重量 CV (%)	单强 (cN/tex)	单强 CV (%)	条干 CV (%)	细节 −50% (个/km)	粗节 +50% (个/km)	棉结 +200% (个/km)
9	22.7	12	15.22	52	92	236

6.1.2.2 JL/M/W/C 20/10/30/40 7.3tex×2(W2.22tex + JC5.8tex)产品开发

1. 喂入原料

喂入的粗纱是两根 65% 半精梳亚麻和 35% 莫代尔混纺的粗纱,喂入的长丝是一根 2.22tex 水溶性维纶长丝和一根 JC5.8tex 纱。

2. 试纺工艺及质量指标

根据试纺产品的特点设计了试纺工艺并进行了质量检测。JL/M/W/C 20/10/30/40 7.3tex×2(W2.22tex + JC5.8tex)的工艺见表 6.1.5,综合质量指标见表 6.1.6。毛羽指标见表 6.1.7。

表 6.1.5 JL/M/W/C 20/10/30/40 7.3tex×2(W2.22tex+JC5.8tex) 工艺表

品　种	QJL/M/W/C 20/10/30/40 7.3tex×2（W2.22tex+JC5.8tex）	
配棉成分	阿克苏 L137A 棉花	
试纺工艺	梳棉生条定量(g/5m):18	
	小卷干定量(g/m):50	并合数(根):24
	精梳条(g/5m):20.5	并合数(根):8
	预并条干定量(g/5m):15.5	并合数(根):6
	末并条(g/5m):12.5	并合数(根):6
	粗纱干重(g/10m):2.1	捻系数120
	单纱定量(g/100m):湿重1.448	干重(g/100m):1.331
	公定回潮率(%):10.84%	
	细纱牵伸倍数(倍):89	单纱捻度(T/m):1100

表 6.1.6 JL/M/W/C 20/10/30/40 7.3tex×2(W2.22tex+JC5.8tex)综合质量指标

重量CV（%）	单强（cN/tex）	单强CV（%）	条干CV（%）	细节-50%（个/km）	粗节+50%（个/km）	棉结+200%（个/km）
0.72	19	8	15.71	0	715	1055

表 6.1.7 JL/M/W/C 20/10/30/40 7.3tex×2(W2.22tex+JC5.8tex)毛羽指标

项　目	毛羽长度								
	1mm	2mm	3mm	4mm	5mm	6mm	7mm	8mm	9mm
1	1101.00	158.00	51.00	18.00	6.00	3.00	1.00	1.00	0.00
2	1172.00	138.00	45.00	25.00	12.00	4.00	5.00	1.00	0.00
3	1139.00	144.00	45.00	23.00	13.00	7.00	1.00	0.00	100.00
平均值	1137.30	146.67	47.00	22.00	10.33	4.67	2.33	0.67	0.00
级差	71	20.00	6.00	7.00	7.00	4.00	4.00	1.00	0.00
频数比	87.1	8.76	2.20	1.03	0.50	0.21	0.15	0.06	0.00
毛羽指数	568.6	73.33	23.50	11.00	5.17	2.33	1.17	0.33	0.00
毛羽数CV(%)	3.12	7.00	7.37	16.39	36.64	44.61	98.97	86.60	0.00

3. JL/M/W/C 20/10/30/40 7.3tex×2(W2.22tex+JC5.8tex)产品开发总结

从表6.1.4、表6.1.5试纺指标来看,成纱条干、强力、毛羽均比一般环锭麻类纱的质量有较大提高,与JL15/R20/W65 5.8tex×2(W2.22tex×2)嵌入式复合纱相比由于纱支的变化,产品质量维持了较高的水平。再次考虑用两根60%棉和40%莫代尔混纺的精梳棉/莫代尔60/40 3.64tex(JC/M60/40 3.64tex)成纱代替两根水溶性维纶长丝,降低产品成本,进行精梳亚麻/莫代尔/棉25/35/40 5.8tex×2(JC/M60/40 3.64tex×2)[JL/M/C 25/35/40 5.8tex×2(JC/M60/40 3.64tex×2)]嵌入式复合纱的产品开发。

6.1.3 精梳亚麻/莫代尔/棉25/35/40 5.8tex×2(JC/M60/40 3.64tex×2)嵌入式复合纱产品开发

6.1.3.1 JC/M 60/40产品开发

利用公司一个5万锭的棉纺工厂,使用一级新疆长绒棉和莫代尔纤维开发了JC/M60/40 3.64tex、捻向为S捻的产品,用以代替长丝,为产品开发作了前期准备。

1. JC/M 60/40工艺流程

FA006D(TF27往复式抓棉机)→AMP3000金属火星探测器→TF45重物分离器→FA113C单轴流开棉机+FA113C凝棉器→FA028C-160(TV425C)多仓混棉机→JWF1124-160(TF34清棉机)→JWF1051A除微尘→AF1052除异纤器→JWF1204+(TF2513梳棉机)→FA306A预并条机→JWF1381条并卷机→JWF1272精梳机→RSB-D401C并条机→JWF1415粗纱机→JWF1520细纱机→Autoconer338 d60型络筒机→成包。

2. JC/M 60/40主要工艺要点

(1)原料为137长绒棉和莫代尔(1.7dtex×38),按照棉/莫代尔65/35的比例投入生产。由于两种原料制成率的不同,最终成纱比例为60/40。

(2)由于原料的含杂率较低,打手速度以偏低掌握,有利于保护纤维。抓棉机打手转速为900 r/min,单轴流开棉机开棉辊筒速度为550r/min,清棉机梳针辊筒转速为900 r/min,梳棉机刺辊转速为926 r/min。经过清钢联系统,梳棉机制成条,生条定量为18g/5m。

(3)预并6并,牵伸倍数为6倍,条卷机总牵伸倍数为1.956倍,精梳牵伸倍数为105.3倍,并条牵伸倍数为8.143倍,粗纱牵伸倍数为10.78倍,粗纱定量为2.6g/10m,细纱牵伸倍数为63倍,成纱干重为0.333 g/100m,捻度为1850捻/m,捻向为S捻。产品质量见表6.1.8。

表 6.1.8　JC/M 60/40 3.64tex 成纱质量

重量 CV （%）	单强 （cN/tex）	单强 CV （%）	条干 CV （%）	细节 - 50% （个/km）	粗节 + 50% （个/km）	棉结 + 200% （个/km）
57.6	15.0	100.2	17.69	190	295	487

6.1.3.2　亚麻/莫代尔 70/30 粗纱的工艺流程

A002B 抓棉机→FA103A 开棉机→FA022 - 6 多仓混棉机→FA106A 开棉机→FA046A 给棉机→FA141 成卷机→FA321 梳棉机→SXF1338 条卷机→SXF1348 并卷机→SXF1269 精梳机→FA317 并条机→RSB - D401C 并条机→TJFA458 粗纱机。

6.1.3.3　JL/M/C 25/35/40 5.8tex × 2（JC/M60/40 3.64tex × 2）嵌入式复合纱的工艺流程

改装后的 FZ501 细纱机(2 根精梳亚麻/莫代尔 70/30 粗纱 + 2 根精梳棉/莫代尔 60/40 细纱)→GA014MD 槽筒机。

6.1.3.4　JL/M/C 25/35/40 5.8 tex × 2（JC/M60/40 3.64tex × 2）嵌入式复合纱产品工艺要点及质量指标

1. 主要工艺要点

（1）配好重量比例为精梳亚麻/莫代尔 70/30（JL/M70/30）的麻条和莫代尔纤维进入开清棉系统成卷,梳棉机制成混合条,条卷机牵伸倍数为 1.76 倍,精梳牵伸倍数为 124 倍,预并牵伸倍数为 8 倍,末并牵伸倍数为 6 倍,粗纱牵伸倍数为 9.8 倍。由于制成率的关系,亚麻/莫代尔粗纱的比例实际为 65/35,粗纱定量 1.9g/10m。一般情况下亚麻和莫代尔纤维都不需要精梳,但是这里由于混用原料中亚麻的比例高达 70%,同时亚麻的短绒率为 50%,所以需要进行精梳控制粗纱的质量。精梳还能使亚麻和莫代尔混合均匀,减少麻粒的产生。粗纱中亚麻纤维含量为 65%,定量又如此轻,在粗纱退绕中可能会出现断头的问题,所以在纺制的过程中应该加大捻系数,粗纱捻系数定为 130,即可以避免此问题的发生,同时加强对纤维的控制,有利于提高成纱质量。

（2）喂入 2 根 JL/M 65/35 粗纱的双喇叭口的规格是 6 × φ2.5mm 及双导丝轮的规格为:导丝轮直径为 28mm,两个导丝轮之间的中心距为 10 mm,细纱牵伸倍数为 89 倍,捻向为 Z 捻,利用嵌入式复合纺纱技术纺制了 JL/M/C 25/35/40 5.8 tex × 2（3.64tex × 2）嵌入式复合纱产品。

2. 产品质量

产品试纺之后,进行了质量检测,表 6.1.9、表 6.1.10 分别为 JL/M/C 25/35/40 5.8 tex×2(3.64tex×2)产品质量指标和毛羽指标。

表 6.1.9　JL/M/C 25/35/40 5.8 tex×2(JC/M60/40 3.64tex×2)综合质量指标

重量 CV (%)	单强 (cN/tex)	单强 CV (%)	条干 CV (%)	细节 −50% (个/km)	粗节 +50% (个/km)	棉结 +200% (个/km)
2.0	17.6	168.0	19.0	110	1140	934

表 6.1.10　JL/M/C 25/35/40 5.8 tex×2(JC/M60/40 3.64tex×2)毛羽指标

3mm 以上毛羽数(根/10m)	毛羽指数	毛羽数 CV(%)
44	2.78	13.31

表 6.1.11　JL/M 65/35 14.6tex 的综合质量指标

重量 CV (%)	单强 (cN/tex)	单强 CV (%)	条干 CV (%)	细节 −50% (个/km)	粗节 +50% (个/km)	棉结 +200% (个/km)
2.1	14.5	110.5	23.5	144	1811	1056

表 6.1.12　JL/M 65/35 14.6tex 的毛羽指标

3mm 以上毛羽数(根/10m)	毛羽指数	毛羽数 CV/(%)
57	3.56	15.12

用普通环锭纺方式生产的精梳亚麻/莫代尔/棉混纺的细纱,其线密度很难达到 11.6tex,所以无法进行同等线密度的比较,只能用该厂实际生产的精梳亚麻/莫代尔 65/35 14.6tex(JL/M 65/35 14.6tex)的普通环锭纱进行质量指标参考比较,精梳亚麻/莫代尔 65/35 14.6tex 的质量指标和毛羽指标见表 6.1.11、表 6.1.12。通过表 6.1.9 与表 6.1.11、表 6.1.10 与表 6.1.12 比较可以知道,嵌入式复合纱的各项成纱指标都优于普通环锭纱所纺得的纱线。这主要是因为纱线的毛羽有一部分是在加捻过程中形成的:一是须条出前罗拉钳口时,表层纤维不受约束,而端部翘起或分离,形成前向毛羽;二是加捻纤维的尾端因不在须条包卷内侧,又无外力拉入时,易伸出在纱的表面而形成后向毛羽。

通过三种嵌入式复合纱的产品开发,说明在嵌入式复合纺纱系统中短纤维先与棉纱进行扭缠复合,然后再与另一股复合纤维束进一步加捻复合,能够使短纤维须条很好地嵌入到成纱主体中,能够有效消除短纤维须条意外牵伸,使得棉纱和短纤维有效地相互嵌入,形成稳定、牢固的整体,纱线强力得到增强。在复合纱的纺制过程中,棉纱和短纤维须条以螺旋线形式互相包缠,使棉纱和短纤维包缠紧密,成纱条干均匀、强力较高、毛羽指数低、成纱光洁,大大改善了传统麻棉纱的成纱质量。

由于嵌入式复合纱具有类似股线的结构,在工艺流程的选择上没有选择并纱、捻线、捻线络筒等工序,而是充分利用嵌入式纺复合纱的纱线结构特点,在纺纱工艺设计上直接单纱络筒,在保证成纱股线要求的前提下减少了三道生产工序,减少了用工、用电和机物料的消耗,降低了生产成本,取得了可观的经济效益。

在生产过程中,通过仔细观察、深入研究、总结经验,在增强纱(长丝)主动喂入系统中创造了"相位差"退绕方法,退绕张力均匀、操作方便,真正实现了增强丝运行过程的主动喂入。"相位差"退绕方法就是两根平行卷绕的长丝在细纱机上退绕时,将一根长丝多退一圈,可以在长丝退绕时减少相互的影响。

6.1.4　精梳亚麻/棉 55/45 19.4tex×2(JC5.8tex×2) 嵌入式复合纱产品开发

根据客户的需求应用嵌入式复合纺纱技术开发了亚麻低支纱精梳亚麻/棉 55/45 19.4tex×2(JC5.8tex×2)[JL/C55/45 19.4tex×2(JC5.8tex×2)],获得了很好的产品质量。该产品的工艺及质量指标见表 6.1.13、表 6.1.14。

表 6.1.13　JL/C55/45 19.4tex×2(JC5.8tex×2)工艺表

品种	JL/C55/45 19.4tex×2(JC5.8tex×2)	
配棉成分	自产亚麻开松麻、新疆尉犁 229 棉花、兴坤 329 棉花	
试纺工艺	生条干定量(g/5m):27	
	小卷干定量(g/m):55	并合数(根):22
	精梳条干定量(g/5m):22	并合数(根):8
	末并条干定量(g/5m):21	并合数(根):6
	粗纱干定量(g/10m):4.9	捻度(T/m):54
	单纱湿重(g/100m):3.975	单纱干重(g/100m):3.602
	公定回潮率(%):10.43	单纱实际捻度(T/m):650
	细纱牵伸倍数(倍):39	

表 6.1.14　JL/C55/45 19.4tex×2(JC5.8tex×2)质量指标

重量 CV (%)	单强 (cN/tex)	单强 CV (%)	条干 CV (%)	细节 −50% (个/km)	粗节 +50% (个/km)	棉结 +200% (个/km)
1.2	20.3	6.1	14.5	0	186	95

6.1.5　精梳大麻/棉 55/45 19.4tex×2(JC5.8tex×2)嵌入式复合纱产品开发

大麻纤维作为纺织原料,具有棉纤维所不具备的透湿、透气、防紫外线、抗菌等特性,国内国际上对大麻产品需求量在逐年增加,大麻产品具有广阔的发展空间。为此探索了大麻嵌入式复合纺纱的工艺和技术,精梳大麻/棉 55/45 19.4tex×2 (JC5.8tex×2)［JH/C 55/45 19.4tex×2(JC5.8tex×2)］获得了较好的产品质量。该产品的工艺及质量指标见表 6.1.15、表 6.1.16(H 为大麻)。

表 6.1.15　JH/C 55/45 19.4tex×2(JC5.8tex×2)工艺表

编　号	JH55/C45 30S×2(2×JC5.8tex)	
配棉成分	大麻麻开松麻、新疆莎车 229 棉花、腾龙 329 棉花	
试纺工艺	生条干定量(g/5m):27	
	小卷干定量(g/m):55	并合数(根):22
	精梳条干定量(g/5m):22	并合数(根):8
	末并条干定量(g/5m):21	并合数(根):6
	粗纱干定量(g/10m):4.9	捻度(T/m):54
	单纱湿重(g/100m):3.975	单纱干重(g/100m):3.602
	公定回潮率(%):10.43	单纱实际捻度(T/m):750
	细纱牵伸倍数(倍):39	

表 6.1.16　JH/C 55/45 19.4tex×2(JC5.8tex×2)质量指标

重量 CV (%)	单强 (cN/tex)	单强 CV (%)	条干 CV (%)	细节 −50% (个/km)	粗节 +50% (个/km)	棉结 +200% (个/km)
1.8	18.1	8.2	15.7	2	463	281

6.1.6　精梳亚麻落麻/锦纶 75/25 18.2tex×2(N2.22tex×2)嵌入式复合纱产品开发

轻薄产品也是人们追求的目标,但是纱线越细要求使用的纤维也越细。为了获得较细的工艺纤维,就要提高分裂度,这会产生大量的短纤维,影响纺纱制成率和成本。亚麻,特别是其落麻,往往只能作为低档原料掺入其他原料中混纺,产品档次低,不能发挥亚麻纤维的优良特性。用嵌入式复合纺纱技术开发的亚麻混纺纱线具有股线效果,强伸性好、毛羽少、条干好,可带来较好的经济效益。利用嵌入式复合纺纱技术开发亚麻落麻产品,对综合改善亚麻纱线及其织物的性能,提高产品附加值具有重要的意义。为此探索了精梳亚麻落麻/锦纶 75/25 18.2tex×2(N2.22tex×2)〔JL/N75/25 18.2tex×2(N2.22tex×2)〕嵌入式复合纺纱的工艺和技术,该产品质量指标见表 6.1.17(N 为锦纶)。

表 6.1.17　JL/N75/25 18.2tex×2(N2.22tex×2) 质量指标

重量 CV (%)	单强 (cN/tex)	单强 CV (%)	条干 CV (%)	细节 -50% (个/km)	粗节 +50% (个/km)	棉结 +200% (个/km)
1.9	11.4	9.6	19.5	485	145	984

6.1.7　精梳苎麻/棉 25/75 11.8tex×2 (JC5.8tex×2)嵌入式复合纱产品开发

为了探索苎麻纺纱的工艺技术,开发了精梳苎麻/棉 25/75 11.8tex×2 (JC5.8tex×2)〔JRm/C25/75 11.8tex×2 (JC5.8tex×2)〕这个产品,该产品的工艺及质量指标见表 6.1.18、表 6.1.19(Rm 为苎麻)。

表 6.1.18　JRm/C25/75 11.8tex×2 (JC5.8tex×2)工艺表

编　号	JRm/C25/75 11.8tex×2 (JC5.8tex×2)	
配棉成分	苎麻开松麻、新疆库车 229 棉花	
试纺工艺	生条干定量(g/5m):27	
	小卷干定量(g/m):55	并合数(根):22
	精梳条干定量(g/5m): 22	并合数(根):8
	末并条干定量(g/5m):21	并合数(根):6
	粗纱干定量(g/10m):4.6	捻度(T/m):54
	单纱湿重(g/100m):2.243	单纱干重(g/100m):2.032
	公定回潮率(%):10.24	单纱实际捻度(T/m):1000
	细纱牵伸倍数(倍):89	

表 6.1.19　JRm/C25/75 11.8tex×2（JC5.8tex×2）质量指标

重量 CV（%）	单强（cN/tex）	单强 CV（%）	条干 CV（%）	细节 -50%（个/km）	粗节 +50%（个/km）	棉结 +200%（个/km）
2.1	17	8.9	15	0	416	438

6.1.8　半精梳苎麻/黏胶/棉 25/20/55 11.8tex×2（JC5.8tex×2）嵌入式复合纱产品开发

为了降低生产成本，探索了半精梳苎麻/黏胶/棉 25/20/55 11.8tex×2（JC5.8tex×2）[BJRm/R/C25/20/55 11.8tex×2（JC5.8tex×2）]产品生产的工艺技术，获得了较好的效果。该产品的工艺及质量指标见表 6.1.20、表 6.1.21（BJ 为半精梳）。

表 6.1.20　BJRm/R/C25/20/55 11.8tex×2（JC5.8tex×2）工艺表

编　号	BJRm/R/C25/20/55 11.8tex×2（JC5.8tex×2）	
配棉成分	自产 19.4tex 开松麻、自产开松麻、自产苎麻精梳切断条、新疆 114 黏胶（1.7dtex×38 mm）、兴坤 329 棉花	
试纺工艺	生条干定量(g/5m):27	
	小卷干定量(g/m):55	并合数(根):22
	精梳条干定量(g/5m):22	并合数(根):8
	头并条干定量(g/5m):21	并合数(根):8(4 根精梳条 +4 根普梳条)
	二并条干定量(g/5m):20	并合数(根):6
	末并条干定量(g/5m):20	并合数(根):6
	粗纱干定量(g/10m):4.6	捻度(T/m):54
	单纱湿重（g/100m):2.243	单纱干重(g/100m):2.032
	公定回潮率(%):10.24	单纱实际捻度(T/m):900
	细纱牵伸倍数(倍):89	

表 6.1.21　BJRm/R/C25/20/55 11.8tex×2（JC5.8tex×2）质量指标

重量 CV（%）	单强（cN/tex）	单强 CV（%）	条干 CV（%）	细节 -50%（个/km）	粗节 +50%（个/km）	棉结 +200%（个/km）
1.8	17	5.6	12.9	0	125	146

6.1.9 精梳亚麻/莫代尔/棉 15/25/60 5.8 tex×2(JC/M60/40 3.64tex×2)嵌入式复合纱产品开发

探索了以精梳亚麻/莫代尔/棉 15/25/60 5.8 tex×2(JC/M60/40 3.64tex×2) [JL/M/C15/25/60 5.8tex×2(JC/M60/40 3.64tex×2)]为代表的亚麻等多种纤维不同比例混纺嵌入式复合纱产品生产的工艺技术,丰富了开发经验,获得了较好的效果。该产品的工艺及质量指标见表6.1.22、表6.1.23。

表 6.1.22　JL/M/C15/25/60 5.8tex×2(JC/M60/40 3.64tex×2)工艺表

编　号	JL/M/C15/25/60 5.8tex×2(JC3.64tex×2)	
配棉成分	40S 哈尔滨亚麻、莫代尔纤维 1.7dtex×38、尉犁 229 棉花	
试纺工艺	生条干定量(g/5m):16	
	小卷干定量(g/m):45	并合数(根):24
	精梳条干定量(g/5m): 18.5	并合数(根):8
	预并条干定量(g/5m):14	并合数(根):6
	末并条干定量(g/5m):10	并合数(根):6
	粗纱干定量(g/10m):1.75	捻系数:130　捻度(T/m):95
	单纱湿重(g/100m):1.164	单纱干重(g/100m):1.064
	公定回潮率(%):9.47	单纱实际捻度(T/m):1220
	细纱牵伸数(倍):89	

表 6.1.23　JL/M/C15/25/60 5.8tex×2(JC/M60/40 3.64tex×2)质量指标

重量 CV (%)	单强 (cN/tex)	单强 CV (%)	条干 CV (%)	细节 −50% (个/km)	粗节 +50% (个/km)	棉结 +200% (个/km)
2.4	19.37	5.5	16.73	24	710	976

在对 SXF1568A 细纱机进行嵌入式纺纱系统的改造后,成功地开发生产了以 JL/M/C15/25/60 5.8tex×2(JC/M60/40 3.64tex×2)嵌入式复合纱为代表的系列麻类纱线。该系列麻类成纱品种条干均匀、表面光洁,其柔软、舒适、透气、环保、独特的抗菌、抗辐射的作用特点迎合了内衣面料的要求。现在成功地将该纱线应用在高档内衣领域,获得了市场的高度评价,具有极强的应用价值和广阔的市场前景。

6.1.10 纯苎麻高支纱产品开发

某麻纺公司用苎麻纤维和水溶性维纶长丝使用嵌入式复合纱技术开发了苎麻/水溶性维纶 40/60 6.36tex×2 (2.22tex×2) 嵌入式复合纱 [Rm/W40/60 6.36tex×2 (2.22tex×2)],其中苎麻的细度为 4.94tex,水溶性维纶的细度为 7.78tex。该纱经退维处理后,可溶解掉 2 根 2.22tex 即 7.78tex 水溶性维纶,即可得到 4.94tex 纯苎麻纱。

6.1.10.1 工艺流程

精梳麻条→针梳 CZ304→针梳 CZ304A→针梳 CZ423(带电子自调匀整)→针梳 CZ304→针梳 CZ304B→粗纱 B465A→带嵌入式复合系统细纱机 CZ501(加双根 2.22tex 水溶性维纶长丝)→络筒(AUTOCONER338)。

6.1.10.2 主要工艺要点

1. 原料选用

麻条纤维选用 0.494tex 以下、强力 4.6cN 以上、并丝 0.1% 以下和手感较好的麻条。水溶性维纶长丝选用日本 2.22tex 水溶性维纶长丝,并通过绕丝机将单根丝大卷装卷绕成双根小卷装,以便 480 只、960 头长丝均匀放置于细纱机长丝传动装置上。

2. 预并

因麻条重量不匀率一般在 3% 左右,生产普通产品尚可,生产细特号纱线达不到工艺要求,故采用先预并一道。

3. 针梳并条

道数采用传统麻纺四道完成,以便能保证麻条梳理、混合均匀。二并采用电脑自调匀整,以保证麻条重量不匀率 1%,萨氏条干不超过 25%,末并重点控制萨氏条干小于 18%,重量不匀率小于 1%。

4. 针梳并条工序注意要点

(1)温度在 22℃~28℃ 之间,湿度在 80% 左右,以便针梳牵伸不产生静电、不缠绕带花。

(2)针板不要缺针、弯针,针号由大到小,头并、二并采用 10#,三并采用 13#,末并采用 16#,由稀到密,逐步加强梳理。

(3)针梳末并速度适当降低,针板打击速度降至 650 次/min;针梳末并定量调整到 19g/5m。

5. 粗纱

定量为 2.1g/10m,总牵伸倍数为 18 倍,罗拉中心距为 75 × 90mm,捻度为 4.5T/m。

6. 细纱

细纱总牵伸倍数为 89 倍,捻系数为 360,罗拉隔距为 105 × 260mm,后区牵伸倍数为 1.15,水溶性维纶丝张力为 1.02cN 左右。

6.1.10.3 产品质量

产品试纺之后,对该产品未经过退维处理的复合纱进行了质量检测。检测定量为 1.273g/100m。表 6.1.24、表 6.1.25 为 Rm/W40/60 6.36tex × 2(2.22tex × 2)嵌入式复合纱的质量指标及毛羽指标。

表 6.1.24 Rm/W40/60 6.36tex × 2 (2.22tex × 2) 苎麻纱质量指标

重量不匀 (%)	平均强力 (cN)	条干 CV (%)	细节 −50% (个/km)	粗节 +50% (个/km)	棉结 +200% (个/km)
2.5	137.82	22.6	82	187	222

表 6.1.25 Rm/W40/60 6.36tex × 2 (2.22tex × 2) 苎麻纱毛羽指标

3mm 以上毛羽数(根/10m)	毛羽指数	毛羽数 CV(%)
27.40	2.87	13.25

该公司日常采取苎麻与水溶性维纶短纤混纺生产的 Rm/W40/60 12.72tex 环锭纱,产品质量如表 6.1.26、表 6.1.27 所示。

表 6.1.26 Rm/W40/60 12.72tex 环锭纱质量指标

重量不匀 (%)	平均强力 (cN)	条干 CV (%)	细节 −50% (个/km)	粗节 +50% (个/km)	棉结 +200% (个/km)
2.4	113.5	22.56	103	265	720

表 6.1.27 Rm/W40/60 12.72tex 环锭纱毛羽指标

3mm 以上毛羽数(根/10m)	毛羽指数	毛羽数 CV(%)
45	3.31	14.05

通过表 6.1.24 与表 6.1.26、表 6.1.25 与表 6.1.27 比较可以知道,Rm/W40/60 6.36tex×2(2.22tex×2)苎麻纱的各项成纱指标都远优于 Rm/W40/60 12.72tex 环锭纱,其中纱线强力提高 21%,条干水平基本一致,但是 3mm 以上毛羽数降低 39.1%。这主要是因为嵌入式纺纱技术使得麻纤维围绕长丝加捻并形成股线结构,大大降低了成纱的毛羽,提高了成纱的强力。而且,此产品质量优良,可为开发轻、薄、爽的麻类织物高档面料提供优质纱线,对提高亚麻产品的市场竞争力具有重大的意义。

6.1.11 汉麻纤维嵌入纺纺纱技术研究

汉麻纤维长度、细度离散度较大,短绒率高,由此造成成纱毛羽多、棉结多、条干 CV% 差、断裂强度小、从而细纱断头率高,在传统纺纱设备上可纺性差。采用汉麻纤维嵌入纺纺纱技术并在生产过程中不断地对其技术进行优化,从而使汉麻、木棉等纤维品种能满足织造及服用性能的需要。

1. 各工序改进措施

由于汉麻较短,生产过程中纤维不易控制,各工序纤维转移困难,为有效地排除 5mm 以下的短纤维,保持 5mm 以上的有效纤维,并与其他纤维能有效均匀地混合,以提高成纱质量,在各工序分别采取了以下改进措施:

(1)清花工序:由于汉麻吸湿快、放湿也快,在 A002 行抓棉机采用圆盘喷雾加湿器,保持汉麻纤维回潮率始终在 14% 以上。木棉纤维蓬松不易成卷,在清棉机成卷处可少量喷雾加湿,并予以重加压。在 A076 成卷机上将紧压罗拉的传动由摩擦传动改为罗拉轴承式传动,使得传动平稳,降低棉卷不匀率。为使汉麻或木棉能与其他纤维充分混合,在 A002 抓棉机上采用“勤抓少抓”的工艺,抓取的棉块大小不超过 3cm²,同时在 A002 和 A006 之间采用两次抓取工作法,既不损伤纤维,又能保持混合的均匀性。

(2)梳棉工序:为使纤维有效转移,尽可能地排除短纤维及粉尘,在梳棉道夫罩三角区部位横向开一个 1cm 宽的槽,使气流畅通,则短绒不易积聚。在大压辊处将原来的绒布和大压辊之间的距离由人工调节的改为活页式调节,使绒布和压辊的接触吻合更好,清洁效果也好。在导条轮处增加三页 10cm 长的扇叶,靠导条轮的转动,自动清洁导条喇叭口,防止短绒聚集而附入纱条。对梳棉盖板针布斩刀进行了改造,用旧盖板针布代替原来的斩刀片,提高了斩刀平直度,使盖板针布的清洁更彻底、更干净。对大毛刷及斩刀的传动也做了改进,将以前的偏芯轮传动去掉,直接改用盖板皮带轮传动,使得传动平稳,有利于盖板针布的清洁。由于汉麻及木棉纤维较短,棉网转移困难,将 A186 梳棉机四罗拉传动机构由以前的齿轮传动改为平皮带传动,使传动更加平稳,棉网顺利转移。

(3)并卷工序:由于汉麻纤维较短、无天然卷曲、纤维间抱合力差,在并卷上容易断棉网,又由于并卷机上是六层棉网并和,棉网左右晃动大,棉网边缘不良,影响质量。在并卷机后采用光电式断卷自停装置,有效控制断棉网不停现象,并在并卷机台面棉网两边加限位块,控制棉网晃动幅度,有效控制棉网边部不良。

(4)并条工序:并条上加大风道内负压,可以及时地将浮着在绒板上的短绒吸走,防止短绒积聚。由于纤维较短、抱合力差、棉条退绕时粘条、毛条现象严重,在并条机两边每眼增加一根导条支架,减少棉条之间的擦碰,减少毛条的产生,降低重量不匀率。

(5)细纱工序:在细纱机上增加三排导丝装置,可适应涤纶长丝、锦纶长丝、蚕丝、维纶丝等不同卷装长丝的退绕要求,同时对导丝轮导丝槽的间距和形态进行了设计和改进。

2. 工艺优化

(1)混合及预处理:由于汉麻、木棉、罗布麻等天然功能性短纤维除了长度短、长度及细度离散度大外,还有其自身难以成纱的特点。汉麻纤维由于比较刚硬、吸散湿较快,在纺纱前要进行软麻油剂养生处理。使用 FD－ZY06A/06B 软麻给湿油剂,按照 FD－ZY06A：FD－ZY06B：水＝2：1：11 的比例进行混匀,按汉麻纤维的 8% 用量对汉麻进行养生处理,处理时间为 24h。经过处理的汉麻纤维有着良好的铺展性及渗透性,增加了纤维的平滑性和柔软度,有效地降低纺纱过程中汉麻纤维的摩擦系数,减轻各工序对汉麻纤维的损伤,使纺纱顺利进行。

汉麻、木棉、罗布麻等短纤维在传统棉纺设备上均不能纯纺,使用比例超过 15% 时成纱就困难,质量难以满足后工序织造要求。生产纱在 29tex 以上时,采用嵌入式纺纱方式使得混用比例最高可达 60%,纱最细可达 9.7tex。在与其他纤维混纺前要进行充分混合,通过摸索发现纤维混合质量的好坏占影响成纱质量因素的 60% 以上。所以为了混合均匀首先采用小堆混合,各纤维总量不超过 10kg 撕碎混合,然后大堆混合,再采用抓棉机两次抓棉法,最后进入混、开棉机到成卷。

(2)对导丝轮导丝槽和喇叭口开档配置进行了优化。根据试验情况,粗纱相对长丝的间距越大,嵌入纺效果越好,不仅风格明显,质量指标也较好,但间距太大时成纱断头情况严重。生产短纤维原料时,纤维在三角区还没有汇聚到一起时容易散失或被笛管吸走,不能有效地缠绕于长丝上,造成纱条细节增多。针对这一问题改用 4mm 中心距喇叭口,重新设计了中心距 8mm 的连体导丝轮,专用于短纤维原料生产。

(3)由于汉麻纤维含有大量的麻胶,如果使用的汉麻纤维脱胶不彻底,在生产的过程中就容易造成黏缠现象。这对各工序的牵伸部件特别是精梳工序、并条工序的胶辊提出了很高的要求。在精梳工序和并条工序中,通过使用高效胶辊涂料 AB RT-905B 和高效胶辊涂料 CD RT-90D,并按照 1:15 的比例进行处理,有效解决黏缠现象和保证成纱条干。

6.1.12 精梳棉/汉麻/锦纶 35/35/30 7.25tex×2(2.22tex×2)产品开发

汉麻纤维穿着舒适,具有无刺痒感、吸湿透气、天然抑菌、卫生健康、防紫外线辐射、耐热、耐晒、耐腐蚀、抗静电等功能特性。在面料中加入一定量的汉麻纤维将提高面料的抗皱褶、透气性和挺括性。细特高密纯棉织物显得端庄有余而活泼不足,增加汉麻成分,使织物风格细腻中略现粗犷。汉麻纤维特有的排汗、除臭功效正好弥补棉纤维"纳污藏垢"之弊病,而且穿着舒适,无刺痒感,也适合于作服装用料和床上用品用料。汉麻不仅在民用纺织用品内有着广阔前景,而且在军用服装方面,特别是特种用服装方面也有着较大的应用潜能。因此应用精梳棉汉麻和锦纶长丝开发了精梳棉/汉麻/锦纶 35/35/30 7.25tex×2(2.22tex×2)[JC/H/N35/35/30 7.25tex×2(2.22tex×2)]嵌入式复合纱(H 为汉麻)。

1. 原料投入量及养生

汉麻投入 45kg,并按照汉麻总量的 10%均匀喷洒,按如下配比配置的溶液:0.6kg 的 FD-ZY06A、0.3kg 的 FD-ZY06B 和 3.3kg 的水,喷洒后密封养生 72h,然后与 50kg 的原棉(手工撕碎)纤维小堆进行混合,保证混合均匀。

2. 成纱质量指标

JC/H/N35/35/30 7.25tex×2(2.22tex×2)嵌入式复合纺机织纱及筒纱的质量指标见表 6.1.28、表 6.1.29。

表 6.1.28　JC/H/N35/35/30 7.25tex×2(2.22tex×2)机织质量指标

条干 CV（%）	细节 -40% （个/km）	细节 -50% （个/km）	粗节 +35% （个/km）	粗节 +50% （个/km）	棉结 +140% （个/km）	棉结 +200% （个/km）	平均强力 （cN）	强力 CV （%）
18.2	83	4	2690	1222	4451	2191	296.2	8.2

表 6.1.29　JC/H/N35/35/30 7.25tex ×2(2.22tex ×2)筒纱质量指标

条干 CV (%)	细节 -40% (个/km)	细节 -50% (个/km)	粗节 +35% (个/km)	粗节 +50% (个/km)	棉结 +140% (个/km)	棉结 +200% (个/km)	平均强力 (cN)	强力 CV (%)
20.5	1683	165	2242	1420	4320	2325	276	11.5

6.1.13　涤纶/精梳汉麻/棉 49/30/21 17.7 ×2(8.33tex ×2)产品开发

我们进一步开发了涤纶/精梳汉麻/棉 49/30/21 17.7 ×2(8.33tex ×2)[T/JH/C 49/30/21 17.7 ×2(8.33tex ×2)]嵌入式复合纱。

1. 长丝原料

长丝用 8.33tex/72F 的 DTY 吸湿排汗涤纶长丝。

2. 工艺流程

清花→梳棉→精梳→并条→粗纱→嵌入纺细纱→络筒。

3. 工艺要点

原料混合前汉麻纤维回潮为 10.87% ,清花设计干重为 370g/m,棉卷定长 30m,制成率为 96% 。

(1)抓棉工艺主要工艺参数见表6.1.30。

表 6.1.30　抓棉工艺主要工艺参数

序号	项　目	数　值	序号	项　目	数　值
1	抓棉小车打手直径(mm)	385	5	打手刀片伸出高度(mm)	2
2	打手速度(转/分)	40	6	打手下降动程(mm)	2
3	打手刀片个数(个)	378	7	小车速度(圈/分钟)	2
4	打手刀片类型	密型	—	—	—

(2)混棉工艺参数见表6.1.31。

表 6.1.31　混棉工艺参数

序号	项　目	数　值	序号	项　目	数　值
1	输棉帘线速度(m/min)	1.75	3	压棉帘线速度(m/min)	1.75
2	角钉帘线速度(m/min)	100	4	角钉规格纵×横间距(mm)×角度(°)	64.5×38×40

序号	项 目	数 值	序号	项 目	数 值
5	均棉罗拉直径(mm)	260	7	剥棉罗拉直径(mm)	400
6	均棉转速(r/min)	335	8	剥棉罗拉转速(r/min)	430

(3)给棉工艺参数见表6.1.32。

表6.1.32　给棉工艺参数

序号	项 目	数 值	序号	项 目	数 值
1	机幅(m)	1.06	7	角钉帘速度(m/min)	60
2	天平罗拉与出棉罗拉间的牵伸倍数(倍)	1.39	8	输棉帘速度(m/min)	104
3	振动棉箱下部厚度(mm)	200	9	剥棉打手速度(r/min)	458
4	振动板频率(次/min)	167	10	均棉罗拉速度(r/min)	335
5	振动板振幅(mm)	11	11	清棉罗拉转速(r/min)	420
6	角钉帘角度(°)	20	—	—	—

(4)成卷主要工艺参数及棉卷质量指标见表6.1.33、表6.1.34。

表6.1.33　成卷主要工艺参数

序号	项 目	数 值	序号	项 目	数 值
1	棉卷罗拉电机皮带轮直径(mm)	100	5	棉卷罗拉转速(r/min)	10.20
2	综合打手电机皮带轮直径(mm)	160	6	棉卷定量(g/m)	370
3	综合打手被动皮带轮(mm)	250	7	棉卷长度(m)	36
4	风扇被动皮带轮(mm)	220	8	正卷范围(kg)	13.6~14.0

表6.1.34　棉卷质量指标

序号	项 目	测试值	序号	项 目	测试值
1	棉卷长度(m)	36.38	3	棉卷重量(kg)	13.86
2	伸长率(%)	+1.0	4	不匀率(%)	1.15

(5)梳棉工艺参数及梳棉条质量指标见表6.1.35、表6.1.36。梳棉机选择在有导条装置的梳棉机,梳棉干重为20g/5m。由于汉麻较短,生产过程中应使之尽量多

落。梳棉采用低速度、紧隔距的原则,活动盖板调至最高 214mm/min(盖板轮 260,双线螺杆)除尘刀下降 10 英丝、90°角,尽量多落。锡林 – 活动盖板隔距较棉偏大掌握,分别为 12 英丝、11 英丝、10 英丝、10 英丝、11 英丝。梳棉斩刀花 2.2kg,斩刀花率为 2.4%;车肚落棉 6.2kg,落棉率为 6.8%;回花 1.4kg,回花率为 1.5%,梳棉结/杂为 64/55,棉(麻)结较多,梳棉条总重 80.8kg,制成率为 88.6%。

表 6.1.35　梳棉工艺参数

序号	项　目	数　值	序号	项　目	数　值
1	设计干重(g/5m)	20	10	喇叭口直径(mm)	4.5
2	锡林转速(r/min)	330	11	除尘刀高度(英丝)	0
3	刺辊转速(r/min)	660	12	除尘刀角度(°)	90
4	轻重牙(齿)	19	13	给棉板 – 刺辊隔距(英丝)	22
5	前张力牙(齿)	20	14	锡林 – 刺辊隔距(英丝)	7
6	机械牵伸倍数(倍)	78.08	15	锡林 – 道夫隔距(英丝)	5
7	棉网张力(倍)	1.43	16	锡林 – 活动盖板隔距(英丝)	12×11×10×10×11
8	道夫快慢牙(齿)	18	17	刺辊 – 小漏底进口 – 出口(英丝)	4×1.2
9	盖板螺杆	单线	—	—	—

表 6.1.36　梳棉条质量指标

序号	项　目	测试值
1	棉条定量(g/5m)	21.6
2	棉条不匀率(%)	4.5
3	棉结/杂质(个/g)	28/52

(6)精梳工艺及精熟条质量见表 6.1.37、表 6.1.38。本次汉麻纤维在条并卷中没有出现黏缠现象,这与汉麻养生时间的长短有关(汉麻纤维之前只养生 24h,本次养生 72h),生产比较顺利。在精梳落棉太多,当落棉刻度调到 8 时,落棉率为 30%,当落棉刻度调到 7 时,落棉率为 28%,因落棉刻度最小只能调到 7,再小可能会损害设备,且较短纤维若不落掉会严重影响成纱质量,故在精梳只有采取多落。精梳重量 48.8kg,精梳工序制成率为 60.4%,并条条干 CV% 值 3.47%,完成较好,精梳棉(麻)结太多,不好数。

表 6.1.37 精梳工艺

序号	项 目	测试值	序号	项 目	测试值
1	设计干重(g/5m)	18.5	5	锡林速度(钳/min)	198
2	机械牵伸倍数(倍)	83.21	6	落棉率(%)	19
3	锡林密度(齿/10cm)	260	7	罗拉隔距(mm)	7
4	顶梳密度(齿/10cm)	14000	—	—	—

表 6.1.38 精熟条质量

序号	项 目	测试值
1	棉条重量(g/5m)	19.8
2	棉条不匀率(%)	4.2
3	棉结/杂质(个/g)	22/40

(7)并条工艺参数见表 6.1.39、表 6.1.40。并条采用两道,头道并条 6 根并合,选用 FA311 型并条机,二道并条 8 根并合,选用 FA317A 型并条机。末条湿量为 19.8g/5m,并条条干 CV 值为 3.17%。并条定长设 200m。

表 6.1.39 头道并条工艺参数

序号	项 目	数 值	序号	项 目	数 值
1	并合根数(根)	8	10	机械牵伸倍数	8.05
2	定量(g/5m)	18.4	11	牵伸效率(%)	100.12
3	总牵伸倍数(倍)	8.04	12	后区牵伸阶段对牙(齿)	71/29
4	后区牵伸倍数(倍)	1.819	13	后区牵伸对牙(齿)	75/61
5	罗拉隔距(mm)	9×9×18	14	导条张力牙(齿)	64
6	喇叭口直径(mm)	2.8	15	电动机皮带轮直径(mm)	145
7	并合对牙(齿)	59/52	16	主轴皮带轮直径(mm)	134
8	轻重牙(齿)	33	17	压辊速度(m/min)	248.9
9	冠牙(齿)	99	—	—	—

表 6.1.40　末道并条工艺参数

序号	项　目	数　值	序号	项　目	数　值
1	并合根数(根)	8	10	机械牵伸倍数	8.05
2	定量(g/5m)	18.2	11	牵伸效率(%)	100.5
3	总牵伸倍数(倍)	8.09	12	后区牵伸阶段对牙(齿)	77/23
4	后区牵伸倍数(倍)	1.548	13	后区牵伸对牙(齿)	75/71
5	罗拉隔距(mm)	8×8×16	14	导条张力牙(齿)	64
6	喇叭口直径(mm)	2.8	15	电动机皮带轮直径(mm)	145
7	并合对牙(齿)	59/52	16	主轴皮带轮直径(mm)	134
8	轻重牙(齿)	33	17	压辊速度(m/min)	248.9
9	冠牙(齿)	99	—	—	—

(8)粗纱工艺参数及质量指标见表 6.1.41、表 6.1.42。粗纱设计干重为 3.5g/10m,设计捻度为 5.36T/10cm。校样时做捻度 5.12T/10cm,加一档至 5.46T/10cm,把粗纱放在细纱机上实验没出现断粗纱现象,粗纱条干为 6.68%,前纺总制成率为 48.5%。

表 6.1.41　粗纱工艺参数

序号	项　目	数　值	序号	项　目	数　值
1	捻度(T/10cm)	5.8	10	牵伸效率(%)	99.88
2	定量(g/10m)	4.5	11	后区牵伸牙(齿)	39
3	总牵伸倍数(倍)	8.09	12	捻度牙(齿)	44
4	后区牵伸倍数(倍)	1.211	13	电动机皮带轮直径(mm)	120
5	罗拉隔距(mm)	23×40	14	主轴皮带轮直径(mm)	298
6	隔距块直径(mm)	5.0	15	锭速(r/min)	630
7	轻重阶段对牙(齿)	33/28	16	密度对牙(齿)	62/51
8	轻重牙(齿)	39	17	密度牙(齿)	22
9	机械牵伸倍数(倍)	8.1	18	轴向卷绕密度(圈/cm)	3.703

表 6.1.42　粗纱质量指标

序号	项　目	测试值	序号	项　目	测试值
1	粗纱重量(g/10m)	4.8	3	伸长率(%)	1.5
2	粗纱不匀率(%)	8.82	4	捻度(T/10cm)	5.77

（9）细纱工艺参数及质量指标见表 6.1.43、表 6.1.44。在细纱采用嵌入式复合纺纱方法。由于汉麻纤维较短，细纱锭速偏低掌握为 13950r/min，前罗拉速度为 185 r/min，虽然锭速较慢，但由于是针织用纱捻度小，细纱前罗拉速度较快，断头较多。后逐步将锭速调到 11910 r/min 以及前罗拉速度为 158 r/min 开车才顺利。开车前逐锭对长丝和须条的位置进行校正，保证每锭都呈现三个明显的三角区。

表 6.1.43　细纱工艺参数

序号	项　目	数　值	序号	项　目	数　值
1	捻度（T/10cm）	64.5	11	后区牵伸牙（齿）	38/30
2	总牵伸倍数（倍）	14.45	12	捻度对牙（齿）	48/78
3	后区牵伸倍数（倍）	1.29	13	捻度牙（齿）	35
4	罗拉隔距（mm）	17×40	14	卷绕牙（齿）	39/55
5	压力棒隔距块直径（mm）	4	15	撑头牙（齿）	150
6	轻重阶段对牙（齿）	72/23	16	撑过齿牙（齿）	7
7	轻重牙（齿）	30/80	17	钢领型号	PG1 4254
8	机械牵伸倍数	59.23	18	钢丝圈型号	W321 90#
9	牵伸效率（%）	24.4	19	锭速（r/min）	9004.8
10	后区牵伸阶段（齿）	30	—	—	—

表 6.1.44　细纱质量指标

序号	项　目	测试值	序号	项　目	测试值
1	重量（g/10m）	35.3	7	+50% 粗节（个/km）	1422
2	捻度（T/10cm）	63.8	8	+140% 棉结（个/km）	3595
3	条干 CV（%）	20.12	9	+200% 棉结（个/km）	1462
4	-40% 细节（个/km）	285	10	平均强力（cN）	679.25
5	-50% 细节（个/km）	1	11	断裂强度（cN/tex）	19.6
6	+35% 粗节（个/km）	3210	12	强力 CV（%）	1.2

（10）络筒工艺参数及筒纱质量指标见表 6.1.45、表 6.1.46。络筒按照电清设置：短粗为 180% -3.0cm、长粗为 40% -32cm、长细为 -15% -30cm、棉结为 420%，络筒制成率为 88.4%。

表 6.1.45 络筒工艺参数

序号	项 目	数 值	序号	项 目	数 值
1	单纱强力(N)	200	5	长粗	40% -32cm
2	卷绕系数	1.080	6	长细	-28% -30cm
3	线速度(m/min)	800	7	棉结	400%
4	短粗	150% -2cm	8	灵敏度	30%

表 6.1.46 筒纱质量指标

序号	项 目	测试值	序号	项 目	测试值
1	条干 CV(%)	20.56	6	+140% 棉结(个/km)	4389
2	-40% 细节(个/km)	318	7	+200% 棉结(个/km)	1528
3	-50% 细节(个/km)	0	8	平均强力(cN)	670.5
4	+35% 粗节(个/km)	3526	9	断裂强度(cN/tex)	19.4
5	+50% 粗节(个/km)	1621	10	强力 CV(%)	1.5

6.1.14 罗布麻/莫代尔/锦纶 35/35/30 5.8tex ×2(2.22tex ×2)产品开发

罗布麻纤维是天然的远红外发射材料,能够渗入皮肤及皮下组织,与组织细胞中的水分子产生共振吸收效应,起到减少血脂数量、降低血脂、减少脑动脉硬化等心血管疾病的生成,能够改善人体微循环。同时,远红外线有使人体温暖的作用,对快速入睡有很大的促进作用。远红外线在皮肤表面反射很少,其大部分被皮肤组织吸收,并和皮肤与皮下组织的大部分起反应,将能量转化为热量,使皮肤组织内部升温,产生温热感,为睡眠提供足够的热量。其代表产品罗布麻/莫代尔/锦纶三组分混合纱生产的面料,除了具有罗布麻的功能性外,改变了麻类纤维粗犷的风格,良好的条干使布面更加细腻、光滑,同时较细的纱支使麻类产品变得轻薄和精致。因此开发了罗布麻/莫代尔/锦纶 35/35/30 5.8tex ×2(2.22tex ×2)[A/M/N35/35/30 5.8tex × × ×2(2.22tex ×2)]嵌入式复合纱产品(A 为罗布麻)。

1. 长丝原料

长丝用 2.22tex/22F FDY 锦纶长丝。

2. 工艺流程

清花→梳棉→并条→粗纱→嵌入纺细纱→络筒。

3. 工艺要点

（1）抓棉主要工艺参数见表6.1.47。

表 6.1.47　抓棉主要工艺参数

序号	项　目	数　值	序号	项　目	数　值
1	抓棉小车打手直径（mm）	385	5	打手刀片伸出高度（mm）	2
2	打手速度（r/min）	40	6	打手下降动程（mm）	2
3	打手刀片个数（个）	378	7	小车速度（圈/min）	2
4	打手刀片类型	密型	—	—	—

（2）混棉工艺参数见表6.1.48。

表 6.1.48　混棉工艺参数

序号	项　目	数　值	序号	项　目	数　值
1	输棉帘线速度（m/min）	1.75	5	均棉罗拉直径（mm）	260
2	角钉帘线速度（m/min）	100	6	均棉转速（r/min）	335
3	压棉帘线速度（m/min）	1.75	7	剥棉罗拉直径（mm）	400
4	角钉规格纵×横间距（mm）×角度（°）	64.5×38×40	8	剥棉罗拉转速（r/min）	430

（3）给棉工艺参数见表6.1.49。

表 6.1.49　给棉工艺参数

序号	项　目	数　值	序号	项　目	数　值
1	机幅（m）	1.06	7	角钉帘速度（m/min）	60
2	天平罗拉与出棉罗拉间的牵伸倍数（倍）	1.39	8	输棉帘速度（m/min）	104
3	振动棉箱下部厚度（mm）	200	9	剥棉打手速度（r/min）	458
4	振动板频率（次/min）	167	10	均棉罗拉速度（r/min）	335
5	振动板振幅（mm）	11	11	清棉罗拉转速（r/min）	420
6	角钉帘角度（°）	20	—	—	—

（4）成卷主要工艺参数及棉卷质量指标见表6.1.50、表6.1.51。

表 6.1.50　成卷主要工艺参数

序号	项　目	数　值	序号	项　目	数　值
1	棉卷罗拉电动机皮带轮直径(mm)	100	5	棉卷罗拉转速(r/min)	10.20
2	综合打手电动机皮带轮直径(mm)	160	6	棉卷定量(g/m)	370
3	综合打手被动皮带轮(mm)	250	7	棉卷长度(m)	30.6
4	风扇被动皮带轮(mm)	220	8	正卷范围(kg)	13.3~13.7

表 6.1.51　棉卷质量指标

序号	项　目	测试值	序号	项　目	测试值
1	棉卷长度(m)	30.23	3	棉卷重量(kg)	13.59
2	伸长率(%)	-1.2	4	不匀率(%)	1.45

(5)梳棉工艺参数及梳棉条质量指标见表 6.1.52、表 6.1.53。

表 6.1.52　梳棉工艺参数

序号	项　目	数　值	序号	项　目	数　值
1	设计干重(g/5m)	17	10	喇叭口直径(mm)	4.5
2	锡林转速(r/min)	330	11	除尘刀高度(英丝)	0
3	刺辊转速(r/min)	660	12	除尘刀角度(°)	90
4	轻重牙(齿)	15	13	给棉板-刺辊隔距(英丝)	22
5	前张力牙(齿)	20	14	锡林-刺辊隔距(英丝)	7
6	机械牵伸倍数(倍)	98.9	15	锡林-道夫隔距(英丝)	5
7	棉网张力(倍)	1.43	16	锡林-活动盖板隔距(英丝)	10×9×8×8×9
8	道夫快慢牙(齿)	18	17	刺辊-小漏底进口-出口(英丝)	4×1.2
9	盖板螺杆	单线	—	—	—

表 6.1.53　梳棉条质量指标

序号	项　目	测试值
1	棉条重量(g/5m)	18.32
2	棉条不匀率(%)	4.25
3	棉结/杂质(个/g)	28/50

（6）并条工艺参数见表 6.1.54、表 6.1.55。

表 6.1.54　头道并条工艺参数

序号	项　目	数　值	序号	项　目	数　值
1	并合根数（根）	8	10	机械牵伸倍数	8.22
2	定量（g/5m）	16.49	11	牵伸效率（%）	100.36
3	总牵伸倍数（倍）	8.25	12	后区牵伸阶段对牙（齿）	71/29
4	后区牵伸倍数（倍）	1.856	13	后区牵伸对牙（齿）	75/61
5	罗拉隔距（mm）	6×6×16	14	导条张力牙（齿）	64
6	喇叭口直径（mm）	2.8	15	电动机皮带轮直径（mm）	145
7	并合对牙（齿）	59/52	16	主轴皮带轮直径（mm）	134
8	轻重牙（齿）	33	17	压辊速度（m/min）	248.9
9	冠牙（齿）	101	—	—	—

表 6.1.55　末道并条工艺参数

序号	项　目	数　值	序号	项　目	数　值
1	并合根数（根）	8	10	机械牵伸倍数	8.39
2	定量（g/5m）	15.8	11	牵伸效率（%）	99.52
3	总牵伸倍数（倍）	8.35	12	后区牵伸阶段对牙（齿）	77/23
4	后区牵伸倍数（倍）	1.386	13	后区牵伸对牙（齿）	75/61
5	罗拉隔距（mm）	8×6×13	14	导条张力牙（齿）	64
6	喇叭口直径（mm）	2.6	15	电动机皮带轮直径（mm）	145
7	并合对牙（齿）	59/52	16	主轴皮带轮直径（mm）	134
8	轻重牙（齿）	32	17	压辊速度（m/min）	248.9
9	冠牙（齿）	100	—	—	—

（7）粗纱工艺参数及质量指标见表 6.1.56、表 6.1.57。

表 6.1.56　粗纱工艺参数

序号	项　目	数　值	序号	项　目	数　值
1	捻度（T/10cm）	5.01	4	后区牵伸倍数（倍）	1.181
2	定量（g/10m）	3	5	罗拉隔距（mm）	23×40
3	总牵伸倍数（倍）	10.53	6	隔距块直径（mm）	4.0

序号	项目	数值	序号	项目	数值
7	轻重阶段对牙(齿)	33/28	13	电动机皮带轮直径(mm)	135
8	轻重牙(齿)	30	14	主轴皮带轮直径(mm)	335
9	机械牵伸倍数(倍)	10.53	15	锭速(r/min)	630
10	牵伸效率(%)	100	16	密度对牙(齿)	51/62
11	后区牵伸牙(齿)	40	17	密度牙(齿)	24
12	捻度牙(齿)	43	18	轴向卷绕密度(圈/cm)	5.016

表 6.1.57　粗纱质量指标

序号	项目	测试值	序号	项目	测试值
1	粗纱重量(g/10m)	3.38	3	伸长率(%)	2.1
2	粗纱不匀率(%)	6.5	4	捻度(T/10cm)	4.95

（8）细纱工艺参数及质量指标见表6.1.58、表6.1.59。

表 6.1.58　细纱工艺参数

序号	项目	数值	序号	项目	数值
1	捻度(T/10cm)	115.6	11	后区牵伸牙(齿)	38
2	总牵伸倍数(倍)	28.85	12	捻度对牙(齿)	71/55
3	后区牵伸倍数(倍)	1.21	13	捻度牙(齿)	41
4	罗拉隔距(mm)	17×40	14	卷绕牙(齿)	25/69
5	压力棒隔距块直径(mm)	2.5	15	撑头牙(齿)	150
6	轻重阶段对牙(齿)	72/23	16	撑过齿牙(齿)	6
7	轻重牙(齿)	20/85	17	钢领型号	PG1/2 3854
8	机械牵伸倍数	94.4	18	钢丝圈型号	OSS 6/0
9	牵伸效率(%)	30.56	19	锭速(r/min)	9004.8
10	后区牵伸阶段(齿)	32	—		—

表 6.1.59　细纱质量指标

序号	项　目	测试值	序号	项　目	测试值
1	重量(g/10m)	11.5	7	+50%粗节(个/km)	2346
2	捻度(T/10cm)	114.2	8	+140%棉结(个/km)	6995
3	条干CV(%)	23.63	9	+200%棉结(个/km)	3635
4	−40%细节(个/km)	1224	10	平均强力(cN)	206.3
5	−50%细节(个/km)	160	11	断裂强度(cN/tex)	17.7
6	+35%粗节(个/km)	4381	12	强力CV(%)	5.4

（9）络筒工艺参数及筒纱质量指标见表6.1.60、表6.1.61。

表 6.1.60　络筒工艺参数

序号	项　目	数　值	序号	项　目	数　值
1	单纱强力(N)	180	5	长粗	40%−32cm
2	卷绕系数	1.080	6	长细	−15%−32cm
3	线速度(m/min)	800	7	棉结	450%
4	短粗	180%−3cm	8	灵敏度	30%

表 6.1.61　筒纱质量指标

序号	项　目	测试值	序号	项　目	测试值
1	条干CV(%)	22.18	6	+140%棉结(个/km)	7123
2	−40%细节(个/km)	1288	7	+200%棉结(个/km)	3258
3	−50%细节(个/km)	146	8	平均强力(cN)	203.8
4	+35%粗节(个/km)	4589	9	断裂强度(cN/tex)	17.4
5	+50%粗节(个/km)	2126	10	强力CV(%)	6.8

随着麻类等短纤维嵌入式复合纺纱技术的有效应用,不断加大研发力度,在生产过程中不断地对该技术进行优化,同时对先进技术不断地进行消化吸收,不懈地追求技术创新,使汉麻等短纤维类嵌入式复合纺纱技术水平和产品档次不断地升级换代,逐步开发出高档麻类产品。汉麻、罗布麻等麻类嵌入式复合纱及其混纺产品纱质量满足客户需求,市场需求量逐年上升,取得了较好的社会和经济效益,为纺织行业产业结构优化升级和实现行业技术跨越起到了积极的促进作用。

采用汉麻等短纤维类嵌入式复合纺纱技术生产汉麻、罗布麻品种,突破了棉纺设备加工短纤维原料的长度极限,该类纤维的长度比落麻、落棉的长度还要短,生产出来的产品主要技术参数与麻类纤维产品质量比较如表 6.1.62 所示。

表 6.1.62　嵌入式纺纱产品与麻类纤维产品质量指标对比

项目品种	特数(tex)	单纱强度(cN/tex)	条干 CV(%)
嵌入式汉麻混纺纱	14.5	20.4	18.2
嵌入式罗布麻混纺纱	14.5	15.3	20.0
国内行标优等	15.0	8.0	23.0

从表 6.1.62 可以看出,采用汉麻等短纤维类嵌入式纺纱技术生产产品的质量要远远好于麻类产品的质量,同时能满足后工序织造的要求。通过使用不同比例或与不同性能的纤维混纺,可以充分发挥汉麻、木棉、罗布麻等纤维的天然功能性特性。而且,这些纤维绿色环保,在生产环节中无污染,各自具有独特的功能,顺应了现代社会生活追求舒适、保健、可持续发展的潮流,既满足了人们的消费需求,又给纺织行业带来了产品多样性和新的经济增长方式,为中国纺织业在国际舞台上增添了新的亮点。通过市场调查和检索查阅,国内外仅有少数几家将汉麻、木棉、罗布麻等短纤维原料应用于纺织行业,但均未形成规模化生产,而且质量不能满足织造要求。嵌入式复合纺纱生产的该类产品的质量得到了客户认可,拥有稳定的客户群,销售渠道畅通,产量及销售量逐年递增。需要注意的是前纺各工序还存在短绒容易积聚,造成纱疵偏高,影响生产效率,因此在前纺各工序还要研究加大排、吸短绒的措施,进一步提高生产效率。

6.2　棉类嵌入式复合纱的开发

6.2.1　精梳棉/木棉/涤纶 40/30/30　7.25tex×2(2.22tex×2)产品开发

目前,木棉类纤维为世界上最细的天然超细纤维,线密度只有棉纤维的一半,中空率高达 86% 以上,是最理想的保暖材料。木棉的中空率让成品更加轻薄,给人轻盈舒畅之感,而且木棉纤维从细度、柔软度、中空率、保暖效果等很多方面都优于羊绒。木棉的光泽亮丽,并且具有吸湿性的优点,从根本上克服了"闷热黏湿",穿着倍觉舒适。我们开发了精梳棉/木棉/涤纶 40/30/30　7.25tex×2(2.22tex×2)[JC/K/T40/30/30 7.25tex×2(2.22tex×2)]嵌入式复合纱(K 为木棉)。

1. 原料物理指标

木棉纤维的物理指标见表6.2.1。

表6.2.1 木棉纤维的物理指标

细度 （dtex）	主体长度 （mm）	品质长度 （mm）	回潮率 （%）	比电阻	基数	均匀度	短绒率 （%）
0.99	14.6	18.3	9.10	1.16×108	48.8	714	65

原棉质量指标见表6.2.2。

表6.2.2 原棉质量指标

序号	项 目	测试结果	序号	项 目	测试结果
1	细度(dtex)	1.26	6	主体长度(mm)	35.7
2	断裂强度(cN)	27.9	7	马克隆值	3.41
3	短绒率(%)	13.3	8	均匀度	1191
4	含杂率(%)	4.0	9	品质长度(mm)	38.9
5	回潮率(%)	6.84	10	品级(级)	3.8

由于木棉纤维主体长度较短(14.7mm)，混合时采用将长绒棉精梳条和木棉纤维分别撕碎后进行混合。

2. 各工序工艺要点

(1)清花工序。清花设计干重为370g/m，棉卷定长30.6m，投入88kg原料（木棉纤维35kg和长绒棉精梳条53kg），棉卷重量共计77.4kg，制成率为88%，棉卷回潮率为8.84%。存在的问题为木棉短绒较多、粉尘飞花严重，通过在生产过程中进行圆盘加湿(少量水)后情况有所好转，但解决不了根本问题。

(2)梳棉工序。梳棉机选择在有导条装置的48号梳棉机并开慢速，刚开始开车较顺利，开车时间较长后，短绒积聚过多并出现粗细条和掉网现象。然后，改60号梳棉机开低速，一切正常，表明生产木棉品种时直接改在60号梳棉机上。生条设计干重为17g/5m，因木棉纤维太短，梳棉采用低速度、紧隔距的原则。活动盖板调至最低84mm/min(盖板轮315齿，单线螺杆)，除尘刀为平刀，尽量少落。锡林－活动盖板隔距分别为8英丝、7英丝、6英丝、6英丝和7英丝。梳棉斩刀花率为4.9%，车肚落棉率为0.1%，回花为4.9%，梳棉条总重为61.9kg，制成率为80%。梳棉条干不匀率为9.45%，结/杂为13/32。

(3)并条工序。因梳棉条条干较差,所以并条工序采用两道并条,每道8根并合,且选择较好的 FA311 型并条机,有效解决了并条条干差的问题,并条条干 CV 为 3.17%。存在的问题:在二并时,由于木棉纤维存在太多的较短纤维,开车过程中经常有短绒积聚造成拥条断头,通过不断地调试压力棒位置(将压力棒位置上移,使之控制力减弱)后情况有所改善,并条定长为400m。

(4)粗纱工序。粗纱设计干重为 3.5g/10m,设计捻度为 6.86T/10cm,实际完成 6.51 T/10cm。粗纱条干为 8.75%,将隔距块由 5.0mm 调至 4.0mm 后,粗纱条干变为 8.22%。粗纱产出为 57.3kg,前纺总制成率为 65%,粗纱设定长450m,共 4 落 352 个粗纱。

(5)细纱工序。细纱采用嵌入式纺纱方法,由于木棉较短,细纱锭速偏低掌握 12800r/min,前罗拉速度为 165r/min。虽然锭速较慢,但由于针织用纱的纱捻度较小,细纱前罗拉速度较快,造成接头时非常困难,然后逐步将锭速调到 8930r/min 接头才顺利进行。开车时,由于有冒粗纱现象,将压力棒隔距块由原来的 2.5mm 逐步放大到 3.25mm,冒粗纱现象才得以解决。压力棒隔距块质量指标优化见表6.2.3,说明进行新产品试纺时,需要采用不同规格的压力棒隔距块进行试验,取其质量最优的一个生产。

表 6.2.3 压力棒隔距块质量指标优化

项目	条干 CV (%)	细节 -40% (个/km)	细节 -50% (个/km)	粗节 +35% (个/km)	粗节 +50% (个/km)	棉结 +140% (个/km)	棉结 +200% (个/km)	平均强力 (cN)	强力 CV (%)
2.5 (mm)	15.24	44	2	880	166	2192	550	274.5	15.24
3.25 (mm)	15.01	136	7	1448	341	3417	908	272.6	15.01

(6)络筒工序。络筒电清设置分别为:短粗 140% -3.0cm、长粗 40% -32cm、长细 -15% -30cm、棉结 450%。开车的过程中要求切断较少,之后可逐步将电清收严,如:短粗 130% -1.5cm、长粗 40% -32cm、长细 -15% -30cm、棉结 280%。筒纱总重为 73.59kg,由上述工序获得的制成率为 90.85%。JC/K/T40/30/30 7.25tex ×2 (2.22tex ×2)筒纱的质量指标及毛羽指标见表 6.2.4、表 6.2.5。

表 6.2.4　JC/K/T40/30/30 7.25tex×2(2.22tex×2)筒纱质量指标

条干 CV (%)	细节 −40% (个/km)	细节 −50% (个/km)	粗节 +35% (个/km)	粗节 +50% (个/km)	棉结 +140% (个/km)	棉结 +200% (个/km)	平均强力 (cN)	强力 CV (%)
16.26	129	8	1348	3081	1953	732	275.7	5.0

表 6.2.5　JC/K/T40/30/30 7.25tex×2(2.22tex×2)筒纱毛羽指标

项目	1mm	2mm	3mm	4mm	5mm	6mm	7mm	8mm	9mm
平均值	4649.49	1296.55	262.10	91.60	38.83	23.72	16.94	15.44	14.10

　　继续开发了产品精梳棉/木棉/氨纶 65/28/07 9.1tex×2(2.22tex×2)[JC/K/S 65/28/07 9.1tex×2(2.22tex×2)](K 为木棉纤维、S 为氨纶丝)的质量指标如表 6.2.6 所示。

表 6.2.6　JC/K/S65/28/07 9.1tex×2(2.22tex×2)质量指标

条干 CV (%)	细节 −40% (个/km)	细节 −50% (个/km)	粗节 +35% (个/km)	粗节 +50% (个/km)	棉结 +140% (个/km)	棉结 +200% (个/km)	平均强力 (cN)	强力 CV (%)
13.71	50	1	586	80	933	152	14	4.4

6.2.2　精梳棉/涤 70/30 7.3tex×2(2.22tex×2)产品开发

　　进一步开发精梳棉/涤 70/30 7.3tex×2(2.22tex×2)[JC/T70/30 7.3tex×2 (2.22tex×2)]嵌入式复合纱产品。

　　1. 工艺流程

　　清花→梳棉→精梳→并条→粗纱→嵌入纺细纱→络筒

　　2. 各工序工艺要点

　　由于本产品为棉粗纱与涤纶长丝在细纱机上进行嵌入式复合纺纱,所以前纺的生产均按照 JC9.7tex 的生产工艺执行,如下所示:

　　(1)抓棉主要工艺参数见表 6.2.7。

表 6.2.7 抓棉主要工艺参数

序号	项 目	数 值	序号	项 目	数 值
1	抓棉小车打手直径(mm)	385	5	打手刀片伸出高度(mm)	2
2	打手速度(转/分)	40	6	打手下降动程(mm)	2
3	打手刀片个数(个)	378	7	小车速度(圈/min)	2
4	打手刀片类型	密型			

（2）混棉工艺参数见表 6.2.8。

表 6.2.8 混棉工艺参数

序号	项 目	数 值	序号	项 目	数 值
1	输棉帘线速度(m/min)	1.75	5	均棉罗拉直径(mm)	260
2	角钉帘线速度(m/min)	100	6	均棉转速(r/min)	335
3	压棉帘线速度(m/min)	1.75	7	剥棉罗拉直径(mm)	400
4	角钉规格纵×横间距(mm)×角度(°)	64.5×38×40	8	剥棉罗拉转速(r/min)	430

（3）给棉工艺参数见表 6.2.9。

表 6.2.9 给棉工艺参数

序号	项 目	数 值	序号	项 目	数 值
1	机 幅(m)	1.06	7	角钉帘速度(m/min)	60
2	天平罗拉与出棉罗拉间的牵伸倍数(倍)	1.39	8	输棉帘速度(m/min)	104
3	振动棉箱下部厚度(mm)	200	9	剥棉打手速度(r/min)	458
4	振动板频率(次/min)	167	10	均棉罗拉速度(r/min)	335
5	振动板振幅(mm)	11	11	清棉罗拉转速(r/min)	420
6	角钉帘角度(°)	20			

（4）成卷主要工艺参数及棉卷质量指标见表 6.2.10、表 6.2.11。

表 6.2.10 成卷主要工艺参数

序号	项 目	数 值	序号	项 目	数 值
1	棉卷罗拉电动机皮带轮直径(mm)	100	3	综合打手被动皮带轮(mm)	250
2	综合打手电动机皮带轮直径(mm)	160	4	风扇被动皮带轮(mm)	220

续表

序号	项　目	数　值	序号	项　目	数　值
5	棉卷罗拉转速(r/min)	10.20	7	棉卷长度(m)	36
6	棉卷定量(g/m)	330	8	正卷范围(kg)	14.1~14.4

表6.2.11　棉卷质量指标

序号	项　目	测试值	序号	项　目	测试值
1	棉卷长度(m)	36.28	3	棉卷重量(kg)	14.26
2	伸长率(%)	+0.8	4	不匀率(%)	0.75

(5)梳棉工艺参数及梳棉条质量指标见表6.2.12、表6.2.13。

表6.2.12　梳棉工艺参数

序号	项　目	数　值	序号	项　目	数　值
1	设计干重(g/5m)	14.15	10	喇叭口直径(mm)	4.5
2	锡林转速(r/min)	360	11	除尘刀高度(英丝)	-10
3	刺辊转速(r/min)	660	12	除尘刀角度(°)	85
4	轻重牙(齿)	14	13	给棉板-刺辊隔距(英丝)	10
5	前张力牙(齿)	19	14	锡林-刺辊隔距(英丝)	7
6	机械牵伸倍数(倍)	111.54	15	锡林-道夫隔距(英丝)	5
7	棉网张力(倍)	1.51	16	锡林-活动盖板隔距(英丝)	8×7×6×6×7
8	道夫快慢牙(齿)	18	17	刺辊-小漏底进口-出口(英丝)	4×1.2
9	盖板螺杆	单线			

表6.2.13　梳棉条质量指标

序号	项　目	测试值
1	棉条重量(g/5m)	15.2
2	棉条不匀率(%)	3.85
3	棉结/杂质(个/g)	6/12

(6)精梳工艺及质量指标见表6.2.14、表6.2.15。

表 6.2.14 精梳工艺

序号	项 目	测试值	序号	项 目	测试值
1	设计干重(g/5m)	18.5	5	锡林速度(钳/min)	224
2	机械牵伸倍数(倍)	91.69	6	落棉率(%)	17
3	锡林密度(齿/10cm)	280×2	7	罗拉隔距(mm)	7
4	顶梳密度(齿/10cm)	14000	—	—	—

表 6.2.15 精熟条质量

序号	项 目	测试值
1	棉条重量(g/5m)	19.5
2	棉条不匀率(%)	2.18
3	棉结/杂质(个/g)	4/10

(7)并条工艺参数见表 6.2.16。

表 6.2.16 并条工艺参数

序号	项 目	数 值	序号	项 目	数 值
1	并合根数(根)	7	9	冠牙(齿)	125
2	定量(g/5m)	16.5	10	机械牵伸倍数(倍)	8.11
3	总牵伸倍数(倍)	8.12	11	牵伸效率(%)	100.12
4	后区牵伸倍数(倍)	1.364	12	后区牵伸对牙(齿)	63/51
5	罗拉隔距(mm)	10×20	13	导条张力牙(齿)	96
6	喇叭口直径(mm)	2.8	14	电动机皮带轮直径(mm)	178
7	并合对牙(齿)	52/46	15	主轴皮带轮直径(mm)	158
8	轻重牙(齿)	26	16	压辊速度(m/min)	309

(8)粗纱工艺参数及质量指标见表 6.2.17、表 6.2.18。

表 6.2.17 粗纱工艺参数

序号	项 目	数 值	序号	项 目	数 值
1	捻度(T/10cm)	5.55	4	后区牵伸倍数(倍)	1.211
2	定量(g/10m)	3.74	5	罗拉隔距(mm)	23×37
3	总牵伸倍数(倍)	8.82	6	隔距块直径(mm)	4.0

序号	项 目	数 值	序号	项 目	数 值
7	轻重阶段对牙(齿)	32/28	13	马达皮带轮直径(mm)	155
8	轻重牙(齿)	36	14	主轴皮带轮直径(mm)	298
9	机械牵伸倍数(倍)	8.78	15	锭速(r/min)	814
10	牵伸效率(%)	100.46	16	密度对牙(齿)	51/62
11	后区牵伸对牙(齿)	39	17	密度牙(齿)	26
12	捻度牙(齿)	46	18	轴向卷绕密度(圈/cm)	4.46

表 6.2.18 粗纱质量指标

序号	项 目	测试值	序号	项 目	测试值
1	粗纱重量(g/10m)	3.98	3	伸长率(%)	1.8
2	粗纱不匀率(%)	3.98	4	捻度(T/10cm)	5.46

(9)细纱工艺参数及质量指标见表6.2.19、表6.2.20。

表 6.2.19 细纱工艺参数

序号	项 目	数 值	序号	项 目	数 值
1	捻度(T/10cm)	96.1	11	后区牵伸牙(齿)	38
2	总牵伸倍数(倍)	27.99	12	捻度对牙(齿)	62/64
3	后区牵伸倍数(倍)	1.21	13	捻度牙(齿)	37
4	罗拉隔距(mm)	17×40	14	卷绕牙(齿)	27/67
5	压力棒隔距块直径(mm)	2.5	15	撑头牙(齿)	150
6	轻重阶段对牙(齿)	72/23	16	撑过齿牙(齿)	5
7	轻重牙(齿)	21/85	17	钢领型号	PG1-4254
8	机械牵伸倍数(倍)	89.91	18	钢丝圈型号	6903 12/0
9	牵伸效率(%)	31.13	19	锭速(r/min)	14680
10	后区牵伸阶段(齿)	32	—	—	—

表 6.2.20　细纱质量指标

序号	项目	测试值	序号	项目	测试值
1	重量(g/10m)	1.43	7	+50%粗节(个/km)	24
2	捻度(T/10cm)	95.8	8	+140%棉结(个/km)	146
3	条干CV(%)	11.51	9	+200%棉结(个/km)	42
4	-40%细节(个/km)	29	10	平均强力(cN)	265.4
5	-50%细节(个/km)	0	11	断裂强度(cN/tex)	18.3
6	+35%粗节(个/km)	177	12	强力CV(%)	4.7

（10）络筒工艺参数及筒纱质量指标见表 6.2.21、表 6.2.22。

表 6.2.21　络筒工艺参数

序号	项目	数值	序号	项目	数值
1	单纱强力(N)	180	5	长粗	40% -32cm
2	卷绕系数	1.080	6	长细	-15% -32cm
3	线速度(m/min)	1000	7	棉结	380%
4	短粗	140% -2cm	8	灵敏度	30%

表 6.2.22　筒纱质量指标

序号	项目	测试值	序号	项目	测试值
1	条干CV(%)	11.88	6	+140%棉结(个/km)	155
2	-40%细节(个/km)	33	7	+200%棉结(个/km)	48
3	-50%细节(个/km)	0	8	平均强力(cN)	262.8
4	+35%粗节(个/km)	195	9	断裂强度(cN/tex)	18.1
5	+50%粗节(个/km)	28	10	强力CV(%)	7.8

6.2.3　蚕丝嵌入式复合纺纱高档家纺制品开发

6.2.3.1　蚕丝嵌入式复合纺纱的技术性能要求

蚕丝的强度和伸长率在天然纤维中是比较优良的,一般断裂长度在 22~23km,

断裂伸长率一般在 15% ~ 25%。生丝特别是精练丝具有优良的弹性,柔软的手感。蚕丝的吸湿能力很强,一般大气条件下,蚕丝的回潮率可达到 10% 以上,吸湿饱和时可达 35%,且散湿速度快。蚕丝纤维平滑、富有弹性,所以具有良好的触感,特别是生丝精练后,蚕丝纤维光滑柔软且身骨良好。因此我们开发了精梳棉/蚕丝/木棉 49/30/21 10tex × 2(2.22tex × 2) 嵌入式复合纱为代表的蚕丝混纺纱及其制品[JC/S/K49/30/21 10tex × 2(2.22tex × 2)](S 为蚕丝)。

蚕丝嵌入式复合纺纱要达到下列要求:

(1)成纱条干好、毛羽和棉结要少、能够满足织造的需要。

(2)蚕丝嵌入纺的断裂强度≥19cN/tex。

(3)按照企业标准,棉纱一等以上品率达 99% 以上,并满足客户的特殊要求。

6.2.3.2 精梳棉/蚕丝/木棉 49/30/21 10tex × 2(2.22tex × 2)嵌入式复合纱产品开发

1. 工艺流程

原料选用→A002D 型抓棉机→A006B 型混棉机→A036C 型开棉机→A092 型给棉机→A076C 型成卷机→A186D 型梳棉机→FA266 型精梳机→FA311 型并条机(一并)→A454 型粗纱机→FA506 嵌入纺细纱机(2 根棉粗纱 + 2 根蚕丝)→AC338RM 型自动络筒机。

2. 工艺要点

(1)棉纤维物理性能指标见表 6.2.23。

表 6.2.23 棉纤维物理性能指标

序号	项 目	测试结果	序号	项 目	测试结果
1	主体长度(mm)	28.6	5	马克隆值	4.06
2	品质长度(mm)	31.1	6	回潮率(%)	6.63
3	短绒率(%)	14.8	7	细度(dtex)	1.7
4	均匀度	1207	8	含杂率(%)	1.2

(2)抓棉与混棉工艺。抓棉是从棉包或化纤包中抓取原料给下机台,具有开松和喂给作用。利用 A002D 型圆盘自动抓棉机,在工艺上采取"勤抓少抓,薄取快喂"的措施,保持抓棉小车的运转效率在 90% 以上,抓棉工艺参数见表 6.2.24。

表 6.2.24　抓棉工艺参数

序号	项　目	数　值	序号	项　目	数　值
1	抓棉小车打手直径(mm)	385	5	打手刀片伸出高度(mm)	2
2	打手速度(r/min)	40	6	打手下降动程(mm)	2
3	打手刀片个数(个)	378	7	小车速度(圈/min)	2
4	打手刀片类型	密型	—	—	—

采用以上工艺措施后,抓棉小车运转效率高达 94.8%,大大提高了抓取效果。

混棉的主要作用是混合原料,采用的是 A006B 型自动混棉机,混棉工艺参数见表 6.2.25。

表 6.2.25　混棉工艺参数

序号	项　目	数　值	序号	项　目	数　值
1	输棉帘线速度(m/min)	1.75	5	均棉罗拉直径(mm)	260
2	角钉帘线速度(m/min)	100	6	均棉转速(r/min)	335
3	压棉帘线速度(m/min)	1.75	7	剥棉罗拉直径(mm)	400
4	角钉规格纵×横间距(mm)×角度(°)	64.5×38×40	8	剥棉罗拉转速(r/min)	430

(3)给棉与成卷工艺。给棉的主要作用是均匀给棉,并具有一定的混棉和扯松作用,其位置靠近成卷机,以确保棉卷定量,提高棉卷均匀度。给棉设备使用的是 A092 型给棉机,给棉工艺参数见表 6.2.26。

表 6.2.26　给棉工艺参数

序号	项　目	数　值	序号	项　目	数　值
1	机幅(m)	1.06	7	角钉帘速度(m/min)	60
2	天平罗拉与出棉罗拉间的牵伸倍数(倍)	1.39	8	输棉帘速度(m/min)	104
3	振动棉箱下部厚度(mm)	200	9	剥棉打手速度(r/min)	458
4	振动板频率(次/min)	167	10	均棉罗拉速度(r/min)	335
5	振动板振幅(mm)	11	11	清棉罗拉转速(r/min)	420
6	角钉帘角度(°)	20	—	—	—

成卷是指将各种纺织原料加工成卷,然后供梳棉机使用。成卷设备采用的是A076C 型单打手成卷机。在清棉机成卷处少量喷雾加湿并重加压,防止由于棉纤维成卷后容易蓬松,以确保成卷质量,成卷工艺参数及棉卷质量指标见表 6.2.27、表 6.2.28。

表 6.2.27　成卷主要工艺参数

序号	项　　目	数　值	序号	项　　目	数　值
1	棉卷罗拉电动机皮带轮直径(mm)	100	5	棉卷罗拉转速(r/min)	10.20
2	综合打手电动机皮带轮直径(mm)	160	6	棉卷定量(g/m)	370
3	综合打手被动皮带轮(mm)	250	7	棉卷长度(m)	36
4	风扇被动皮带轮(mm)	220	8	正卷范围(kg)	15.7 ~ 15.9

表 6.2.28　棉卷质量指标

序号	项　　目	测试值	序号	项　　目	测试值
1	棉卷长度(m)	36.56	3	棉卷重量(kg)	15.82
2	伸长率(%)	+1.6	4	不匀率(%)	0.85

(4)梳棉工艺。梳棉工序的主要任务是梳理、除杂、混合均匀和成卷,梳棉设备采用的是 A186D 型梳棉机。要注意的是既要落下 10mm 以下的短纤维,又要保持较长纤维能顺利成条,使得较长纤维和棉混合生产起到骨架作用。梳棉应采用适当落棉,增加盖板落物,减少车肚落物。由于棉纤维较短,梳棉过程中粉尘较多,很容易出现绒板条疵点,影响质量,应当在梳棉道夫罩三角区部位横向开一个 1cm 宽的槽,使气流畅通,达到短绒不易积聚的目的。另外,应加大刺辊至小漏底进口的隔距,梳棉工艺参数及梳棉条质量指标见表 6.2.29、表 6.2.30。

表 6.2.29　梳棉工艺参数

序号	项　　目	数　值	序号	项　　目	数　值
1	设计干重(g/5m)	17	6	机械牵伸倍数(倍)	104.11
2	锡林转速(r/min)	330	7	棉网张力(倍)	1.51
3	刺辊转速(r/min)	660	8	道夫快慢牙(齿)	18
4	轻重牙(齿)	15	9	盖板螺杆	单线
5	前张力牙(齿)	19	10	喇叭口直径(mm)	4.5

序号	项 目	数 值	序号	项 目	数 值
11	除尘刀高度(英丝)	-10	15	锡林-道夫隔距(英丝)	5
12	除尘刀角度(°)	90	16	锡林-活动盖板隔距(英丝)	8×7×6×6×7
13	给棉板-刺辊隔距(英丝)	12	17	刺辊-小漏底进口-出口(英丝)	354.3×51.2
14	锡林-刺辊隔距(英丝)	7	—	—	—

表 6.2.30 梳棉条质量指标

序号	项 目	测试值
1	棉条重量(g/5m)	18.21
2	棉条不匀率(%)	4.12
3	棉结/杂质(个/g)	8/14

（5）精梳工艺。精梳的作用主要是进一步去除短绒、棉结和杂质,提高纤维的平行伸直度,精熟工艺对成纱的条干、棉结和杂质等起到了关键性的作用。在工艺上应采取比较密的锡林和顶梳,尽量去除棉条中的短绒、棉结和杂质,以便提高平行伸直度,精梳工艺参数及精梳熟条质量指标见表 6.2.31、表 6.2.32。

表 6.2.31 精梳工艺参数

序号	项 目	测试值	序号	项 目	测试值
1	设计干重(g/5m)	13.5	5	锡林速度(钳次/min)	256
2	机械牵伸倍数(倍)	104.11	6	落棉率(%)	18
3	锡林密度(齿/10cm)	280×2	7	罗拉隔距(mm)	3
4	顶梳密度(齿/10cm)	14000	—	—	—

表 6.2.32 精梳熟条质量指标

序号	项 目	测试值
1	棉条重量(g/5m)	16.65
2	棉条不匀率(%)	2.03
3	棉结/杂质(个/g)	4/10

（6）并条工艺。并条对成纱条干起着关键性的影响,特别是牵伸倍数的分配,而

且罗拉隔距的大小也直接影响着熟条的条干和伸直平行度,并条在保证降低重量不匀为重点的同时要兼顾提高纤维平行伸直度。并条采用一道并条,并条机选用FA311型,在保证正常牵伸的情况下尽可能减小隔距,以重点解决棉条的条干均匀度。并条通道要求光滑,喇叭口直径适当偏小掌握,使之能够收缩棉条,提高纤维间的抱合力。并条上加大风道内负压,及时将浮着在绒板上的短绒吸走,防止短绒积聚。由于棉吸放湿性能好,而且质轻,纤维易散失,最好在并条工序采用局部加湿,使相对湿度控制在65%~70%之间,具体工艺参数见表6.2.33。

表6.2.33 并条工艺参数

序号	项 目	数 值	序号	项 目	数 值
1	并合根数(根)	8	10	机械牵伸倍数(倍)	9.43
2	定量(g/5m)	11.5	11	牵伸效率(%)	99.7
3	总牵伸倍数(倍)	9.4	12	后区牵伸阶段对牙(齿)	77/23
4	后区牵伸倍数(倍)	1.443	13	后区牵伸对牙(齿)	81/61
5	罗拉隔距(mm)	6×5×16	14	导条张力牙(齿)	64
6	喇叭口直径(mm)	2.4	15	电动机皮带轮直径(mm)	145
7	并合对牙(齿)	52/59	16	主轴皮带轮直径(mm)	134
8	轻重牙(齿)	37	17	压辊速度(m/min)	246
9	冠牙(齿)	101	—	—	—

按照以上并条的工艺,并条条干CV值(%)为3.05%。

(7)粗纱工序。粗纱的主要目的为进一步提高纤维伸直平行分离度、改善条干,同时要求尽量控制伸长率。粗纱工序所采用的是A454型粗纱机,粗纱工艺宜采用传统的"重加压、低速度、轻定量、小张力、小捻度"的工艺原则。粗纱卷装不易过大,并配合采取较大轴向卷绕密度,可减少细纱退绕时的意外张力和断头,防止冒纱、脱圈现象,保证细纱的正常纺纱。粗纱捻系数偏小掌握,采用较小的粗纱张力,防止粗纱意外伸长而产生细节而恶化成纱质量。主牵伸区在保证能牵伸开须条的情况下,尽量采用小隔距,有利于控制浮游纤维;后区隔距也适当缩小,保证后区牵伸的纤维能在后区充分伸直,并同时尽量减少纤维损伤,粗纱工艺参数及质量指标见表6.2.34、表6.2.35。

表 6.2.34 粗纱工艺参数

序号	项 目	数 值	序号	项 目	数 值
1	捻度(T/10cm)	7.76	10	牵伸效率(%)	98.29
2	定量(g/10m)	2	11	后区牵伸对牙(齿)	40
3	总牵伸倍数(倍)	11.5	12	捻度牙(齿)	38/67
4	后区牵伸倍数(倍)	1.18	13	电动机皮带轮直径(mm)	135
5	罗拉隔距(mm)	23×30	14	主轴皮带轮直径(mm)	305
6	隔距块直径(mm)	4	15	锭速(r/min)	692
7	轻重阶段对牙(齿)	33/28	16	密度对牙(齿)	62/51
8	轻重牙(齿)	27	17	密度牙(齿)	20
9	机械牵伸倍数(倍)	11.7	18	轴向卷绕密度(圈/cm)	6.74

表 6.2.35 粗纱质量指标

序号	项 目	测试值	序号	项 目	测试值
1	粗纱重量(g/10m)	2.18	3	伸长率(%)	+0.8
2	粗纱不匀率(%)	3.98	4	捻度(T/10cm)	7.68

(8)细纱工序。细纱的主要目的是降低成纱毛羽、条干 CV 值、细节和粗节。细纱机采用 FA506 型嵌入纺细纱机,采用嵌入式纺纱方法,使用两根 2.22tex 蚕丝,能够大幅增加成纱强力,降低条干 CV 值,减少成纱毛羽,以提高产品质量。工艺上最好采取较慢的车速、较小的后区牵伸倍数、适当的罗拉隔距和罗拉加压,保证成纱条干优良。成纱捻度偏大掌握,以增加纤维间的抱合力,有利于提高成纱强力。使用前区带压力棒的隔距块等纺织专用器材,来提高成纱质量,降低细节和棉结,细纱工艺参数及质量指标见表 6.2.36、表 6.2.37。

表 6.2.36 细纱工艺参数

序号	项 目	数 值	序号	项 目	数 值
1	捻度(T/10cm)	128	6	轻重阶段对牙(齿)	81/25
2	总牵伸倍数(倍)	22.14	7	轻重牙(齿)	92/25
3	后区牵伸倍数(倍)	1.21	8	机械牵伸倍数(倍)	83.07
4	罗拉隔距(mm)	16.5×40	9	牵伸效率(%)	26.65
5	压力棒隔距块直径(mm)	2.5	10	后区牵伸阶段(齿)	27

序号	项 目	数 值	序号	项 目	数 值
11	后区牵伸牙(齿)	31	16	撑过齿牙(齿)	3
12	捻度对牙(齿)	82/38	17	钢领型号	PG1-3854
13	捻度牙(齿)	34	18	钢丝圈型号	OSS 6/0
14	卷绕牙(齿)	52/70	19	锭速(r/min)	14850
15	撑头牙(齿)	150	—	—	—

表 6.2.37 细纱质量指标

序号	项 目	测试值	序号	项 目	测试值
1	重量(g/10m)	0.97	7	+50%粗节(个/km)	19
2	捻度(T/10cm)	126.8	8	+140%棉结(个/km)	146
3	条干CV(%)	11.37	9	+200%棉结(个/km)	56
4	-40%细节(个/km)	6	10	平均强力(cN)	189.7
5	-50%细节(个/km)	0	11	断裂强度(cN/tex)	19.6
6	+35%粗节(个/km)	48	12	强力CV(%)	8.5

(9)络筒工序。该工序中,需要严格控制好毛羽的增长,毛羽增长应当在一倍以下。空捻接头既要保证强力又要保证外观,接头强力要达到原纱强力的85%以上。络筒设备采用 AC338RM 型自动络筒机,络筒工序贯彻"低速度、小张力"的工艺原则,并合理配置电清工艺以减少纱疵及保证成纱质量,络筒工艺参数及筒纱质量指标见表6.2.38、表6.2.39。

表 6.2.38 络筒工艺参数

序号	项 目	数 值	序号	项 目	数 值
1	单纱强力(cN)	180.00	5	长粗	40%-32cm
2	卷绕系数	1.08	6	长细	40%-32cm
3	线速度(m/min)	1000	7	棉结	350%
4	短粗	140%-2.0cm	8	灵敏度	30%

表 6.2.39　筒纱的质量指标

序号	项　目	测试值	序号	项　目	测试值
1	条干 CV(%)	11.98	6	+140% 棉结(个/km)	165
2	−40% 细节(个/km)	10	7	+200% 棉结(个/km)	68
3	−50% 细节(个/km)	0	8	平均强力(cN)	185.0
4	+35% 粗节(个/km)	56	9	断裂强度(cN/tex)	19.1
5	+50% 粗节(个/km)	28	10	强力 CV(%)	9.2

（10）各工序的温湿度要求。生产过程中要严格控制好各工序的温湿度,保证棉纤维的回潮率,防止飞花过大或因短绒积聚过多而影响产品质量。

3. 蚕丝嵌入纺及其工艺研究的核心技术

①由于使用的是细绒棉,其纤维长度相对较短且短绒率高,需要在清棉机成卷处进行少量喷雾加湿,并重加压。

②由于较短的棉纤维在梳棉过程中粉尘较多,容易出现影响质量的疵点,可以在梳棉道夫罩三角区部位横向开一个 1cm 宽的槽,有利于气流畅通,短绒不易积聚。

③并条上加大风道内负压,及时将浮着在绒板上的短绒吸走,防止短绒积聚。

④在细纱纺纱方式上采用蚕丝嵌入纺,达到增加成纱强力和减少成纱毛羽的目的,从而降低成纱的断头,提高成纱质量。

⑤在细纱机上使用前区带压力棒的隔距块等纺织专用器材,以便提高成纱质量,降低细节和棉结。

4. 蚕丝嵌入式复合纺纱高档家纺制品织造技术

①JC60×JC/S/K49/30/21 10tex×2(2.22tex×2)　192×120 122　天窗格

②JC60×JC/S/H43/38/19 8.05 tex×2(2.22tex×2)　192×120 122　天窗格

③JC60×JC/S 55/45 7.1 tex×2(2.22tex×2)　192×120 122　　天窗格

"蚕丝嵌入式复合纺纱高档家纺制品"的生产织造机型定为进口的津田驹公司 ZAX-N-340 型喷气织机,因为此种机型适合织造高经纬密织物。

在上机织造后,遇到了如下一些问题:由于织物纬纱为棉、蚕丝、汉麻或者木棉,采用两根 2.22tex 蚕丝嵌入式混纺产品,纬纱表面很光滑,在引纬时纬纱受力小且受力不均匀,导致断纬后起机非常困难,引纬很不稳定。通过分析探讨,减少纬纱退绕时及导纱孔等纬纱受到的摩擦力,加大辅喷气压,使纬纱在钢筘筘槽内运动受力均匀,摆动幅度减小,以达到引纬稳定,起机方便。

打纬时,由于纬纱表面光滑,钢筘将纬纱打入织口以后退回时,纬纱和经纱的摩擦力小,纬纱会出现回弹的现象,引起布面抖动大,织造难度增加。经过反复调试试验,最后采用高后梁、早开口、低综框,小开口量之后彻底解决了该织造难题。

6.3　嵌入式复合缝纫线的产品开发

缝纫线作为一种辅料,种类繁多,应用的范围很广。缝纫线的成分要与所缝的面料相同或相近,不同的应用场合对它的性能要求也不同,合理选用缝纫线,可以达到完美的缝纫效果。缝纫线在缝纫后受到的破坏,小部分来自针与线的磨损,大部分是线与线的磨损和拉伸造成的,因此缝纫线本身性能的好坏非常重要。

复合纱既具有长丝的特点,同时又具有短纤维的特点,因此可以做到优势互补。应用嵌入式复合纺纱技术来生产涤纶缝纫线,将对中国纺织行业的技术进步与产品升级换代起到巨大的推动作用。目前该技术已在毛纺、棉纺等企业中进行产业化生产,带来了纺织装备制造及纺织产业工艺、操作、管理等一系列变革。用嵌入式复合纺纱技术生产的涤纶缝纫线有类似股线的结构,省掉了细纱生产出来后要进行的并纱、捻线、捻线络筒等工序,缩短了工艺流程,提高了生产效率,减少了人力、物力和财力的损耗,实现了资源的优化配置,符合可持续发展的要求,改善了社会民生。

6.3.1　工艺流程

1. 缝纫线生产工艺流程创新

传统的缝纫线生产工艺是在细纱加工后,再经络筒—并线—加捻—络筒工序加工成成品,采用嵌入式复合纺纱技术加工高性能缝纫线,在经细纱加工后,直接络筒就可加工成成品,去掉了传统缝纫线加工中的络筒—并线—加捻工序,极大地减少了缝纫线加工过程中的能耗和用工,可显著提高企业经济效益。

图6.3.1和图6.3.2是高强低伸特种复合缝纫线与目前涤纶包芯缝纫线的生产工艺流程图对比,因为高强低伸特种复合缝纫线纺制技术生产的涤纶缝纫线有类似股线的结构,成纱质量能满足客户的需求,这样就省掉了细纱生产出来后要进行的并纱、捻线、捻线络筒等工序,缩短了工艺流程,提高了生产效率,减少了人力、物力、财力的损耗,实现了资源的优化配置,符合可持续发展的要求。

2. 嵌入式缝纫线生产工艺流程

A002D型抓棉机→A035C型混开棉机→A045B型棉箱→FA046A型振动给棉机→A076F型单打手成卷机→A186H型梳棉机→FA317A型并条机→TMFD81S型并

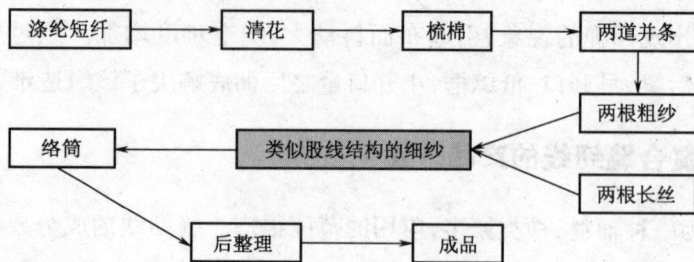

图 6.3.1 高强低伸特种复合缝纫线的生产工艺流程

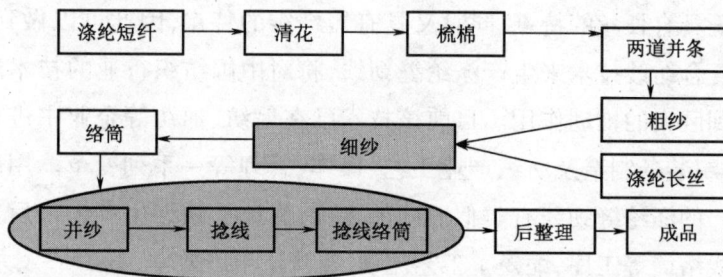

图 6.3.2 目前涤纶包芯缝纫线的生产工艺流程

条机→FA494 型粗纱机→HJ518 型细纱机→JWG1001 型自动络筒机。

与传统工艺制作股线相比,高强低伸特种复合缝纫线技术,具有以下几大优点:

①生产效率提高 20% 以上。

②产品节能达 30% 以上。

③设备投资及厂房占地节省 15%。

④用工减少 20% 以上。

6.3.2 产品开发

6.3.2.1 涤纶 14tex ×2(3.33tex ×2)高强低伸特种复合缝纫线产品开发

涤纶短纤维粗纱定量为 5.0g/10m。涤纶短纤维细度为 1.33dtex,长度为 38mm,颜色为白色,涤纶长丝规格为 3.33tex/12F。我们开发了涤纶 14tex ×2(3.33tex ×2)[T14tex ×2(3.33tex ×2)]高强低伸特种复合缝纫线(T 为涤纶)。

T14tex ×2(3.33tex ×2)高强低伸特种复合缝纫线与国家标准质量对比见表 6.3.1。

表 6.3.1　T14tex ×2(3.33tex ×2)高强低伸特种复合缝纫线与国家标准质量对比表

项　目	线密度(tex)	等级	单线断裂强度 (cN/tex)	单线断裂强力变 异系数 CV(%)
国家标准 T14tex ×2	14 ×2 ~ 16 ×2	优	31.0	14.0
		一	27.0	
		二	23.0	
实际纺制的 T14tex ×2 (3.33tex ×2)	14tex ×2	优级以上	44.85	10.3

由表 6.3.1 分析可知:高强低伸特种复合缝纫线产品由于长丝的引入极大地增加了成纱的强力,由于嵌入纺纱技术特有的成纱结构稳定性特点大大降低了缝纫线的伸长率,有利于缝纫线产品使用的稳定性,因此较传统其他纺纱技术在产品质量方面具有不可比拟的优越性能。

6.3.2.2　涤纶 32tex ×2(6.66tex ×2)高强低伸特种复合缝纫线产品开发

进一步开发了涤纶 32tex ×2(6.66tex ×2)[T32tex ×2(6.66tex ×2)]高强低伸特种复合缝纫线。涤纶短纤维粗纱定量为 5.0g/10m,长度为 38mm,涤纶长丝规格为6.66tex/24F,T32tex ×2(6.66tex ×2)高强低伸特种复合缝纫线与国家标准的比较见表 6.3.2。

表 6.3.2　T32tex ×2(6.66tex ×2)高强低伸特种复合缝纫线与国家标准的比较

项　目	线密度(tex)	等级	单线断裂强度 (cN/tex)	单线断裂强力变 异系数 CV(%)
FZ/T 63001—2006	31 ×2 ~ 48 ×2	优	34.0	12.0
		一	30.0	
		二	26.0	
实际纺制的 T21tex ×2 (6.66tex ×2)	32tex ×2	优级以上	41.3	5.644

用该项目技术生产的高强低伸特种复合缝纫线的单纱断裂强度比中华人民共和国纺织行业标准 FZ/T 63001—2006 涤纶本色缝纫用纱线标准中等级为优级的值还高 21.47%,说明高强低伸特种复合缝纫线强度很高,在传统的涤纶缝纫线产业上完

全能够满足下游客户的需求。

6.3.2.3 涤纶/高强聚乙烯30/70 29tex×2(20tex×2)高强低伸特种缝纫线产品开发

聚乙烯英文名称:polyethylene,简称 PE,是乙烯经聚合制得的一种热塑性树脂。聚乙烯无臭、无毒、手感似蜡,具有优良的耐低温性能(最低使用温度可达 −70 ~ −100℃),其化学稳定性好,能耐大多数酸碱的侵蚀(不耐具有氧化性质的酸),常温下不溶于一般溶剂,吸水性小,电绝缘性能优良。高强聚乙烯除用于包装材料外,很少有其他的用途。把这种长丝材料的特点与涤纶短纤以及嵌入式纺纱技术成纱结构稳定性能相结合,开发出具有特殊功能的特种缝纫线产品涤纶/高强聚乙烯 30/70 29tex×2(20tex×2)[T/PE30/70 29tex×2(20tex×2)]。涤纶短纤维细度为1.33dtex,长度为 38mm,颜色为白色。高强聚乙烯长丝 20tex 力学性能见表 6.3.3。生产工艺如下:粗纱定量为 5.0g/10m,细纱机总牵伸倍数为 55.5 倍,长丝张力为20g。T/PE30/70 29tex×2(20tex×2)高强缝纫线力学性能见表 6.3.4。T/PE30/70 29tex×2(20tex×2)高强低伸特种复合缝纫线与国家标准的质量比较见表 6.3.5。

表 6.3.3 20tex 高强聚乙烯长丝的力学性能

高强聚乙烯长丝 20tex	断裂强力 (cN)	断裂伸长 (mm)	断裂伸长率 (%)	断裂功 (N·m)	断裂时间(s)
(1)	3700.00	9.90	1.970	0.200	1.99
(2)	3000.00	9.30	1.810	0.300	1.86
(3)	3000.00	9.10	1.790	0.200	1.82
(4)	3000.00	9.10	1.780	0.800	1.8
(5)	3100.00	9.30	1.790	0.500	1.80
平均值	3160.00	9.34	1.828	0.400	1.85

表 6.3.4 T/PE30/70 29tex×2(20tex×2)高强低伸特种复合缝纫线力学性能

项 目	断裂强力 (cN)	断裂伸长 (mm)	断裂伸长率 (%)	断裂功 (N·m)	断裂时间 (s)
(1)	6700.00	28.50	5.58	0.60	5.71
(2)	6700.00	27.00	5.30	0.60	5.41
(3)	7100.00	30.00	5.97	0.70	6.01

项 目	断裂强力 （cN）	断裂伸长 （mm）	断裂伸长率 （%）	断裂功 （N·m）	断裂时间 （s）
（4）	7100.00	32.60	6.45	0.70	6.52
（5）	6200.00	28.60	5.64	0.60	5.72
平均值	6800.00	29.30	5.79	0.60	5.87

表 6.3.5 T/PE30/70 29tex×2(20tex×2)高强低伸特种复合缝纫线与国家标准的质量比较

项 目	线密度（tex）	等级	单线断裂强度 （cN/tex）	单线断裂强力变 异系数 CV（%）
FZ/T 63001—2006 标准	25×2 ~ 30×2	优	33.0	13.0
		一	29.0	
		二	25.0	
实际纺制的 T/PE 29tex×2(20tex×2)	58.6	优级以上	116.0	5.8

　　一根 20tex 高强聚乙烯长丝的断裂强力为 3160cN,两根长丝的强力为 6320 cN, 而 29tex×2(20tex×2)高强缝纫线的断裂强力为 6800 cN,也就是高强聚乙烯长丝贡献的强力在缝纫线中占 92.94%,说明了高强聚乙烯长丝的引入大大增强了缝纫线的强力。同时,一根 20tex 高强聚乙烯长丝的断裂伸长和缝纫线的断裂伸长都较低,由于高强聚乙烯长丝引入缝纫线中,嵌入纺产品的特殊结构也大大降低了缝纫线的断裂伸长。这种高强低伸特种缝纫线具有强度高、密度小、延伸低,能耐各种化学物品腐蚀和抗紫外线、光照、耐疲劳等优点,还具有表面涤纶短纤耐高温而其中心材料耐低温的优良品质,可以满足特种领域特别是军事领域某些对缝纫线的特殊要求,如可以用来做防弹衣的纱线和缝纫线以及高寒地区的军用产品缝纫线。

6.3.2.4 涤纶 13tex×2(3.33tex×2) 高强低伸特种复合缝纫线

　　经过调查,目前市场上服装缝纫线用量最大的是涤纶 13tex×2 的涤纶缝纫线,因此我们用短纤涤纶和长丝涤纶根据市场现有的品种进行涤纶 13tex×2(3.33tex×2)[T13tex×2(3.33tex×2)]产品开发,成纱质量属于国家缝纫线标准优级,T13tex×2(3.33tex×2)高强低伸特种复合缝纫线的毛羽指标、强伸性能指标、条干均匀度指标分别如表 6.3.6、表 6.3.7、表 6.3.8 所示。

表 6.3.6　T13tex×2(3.33tex×2) 高强低伸特种复合缝纫线毛羽指标

项目	毛羽长度								
	1mm	2mm	3mm	4mm	5mm	6mm	7mm	8mm	9mm
平均值	274.00	51.00	10.00	1.50	0.00	0.00	0.00	0.00	0.00
级差	52.00	20.00	6.00	3.00	0.00	0.00	0.00	0.00	0.00
频数比	81.39	14.96	3.10	0.55	0.00	0.00	0.00	0.00	0.00
毛羽指数	54.80	10.20	2.00	0.30	0.00	0.00	0.00	0.00	0.00
CV(%)	13.42	27.73	42.43	141.4	0.00	0.00	0.00	0.00	0.00

表 6.3.7　T13tex×2(3.33tex×2) 高强低伸特种复合缝纫线强伸性能指标

项目	断裂强力 (cN)	伸长 (mm)	伸长率 (%)	断裂功 (N·m)	断裂时间 (s)	断裂强度 (cN/tex)
最大值	1242.00	72.00	14.40	8.70	0.412	41.400
最小值	1008.00	64.00	12.80	7.70	0.288	33.600
平均值	1096.00	66.60	13.30	8.03	0.335	36.550
均方差	126.00	4.60	0.92	0.57	0.067	4.229
CV(%)	11.56	6.90	6.90	7.09	20.070	11.560

表 6.3.8　T13tex×2(3.33tex×2) 高强低伸特种复合缝纫线条干均匀度指标

项目	条干CV(%)	细节-50%(个/km)	粗节+50%(个/km)	棉结+200%(个/km)
平均值	7.27	10	0	20

6.3.2.5　涤纶 19.7tex×2(7.78tex×2) 高强低伸特种复合缝纫线产品开发

我们还进一步开发了涤纶 19.7tex×2(7.78tex×2)[T19.7tex×2(7.78tex×2)] 高强低伸特种复合缝纫线,其毛羽指标、强伸性能指标、条干均匀度指标分别如表 6.3.9、表 6.3.10、表 6.3.11 所示。

表 6.3.9　T19.7tex×2(7.78tex×2) 高强低伸特种复合缝纫线毛羽指标

项目	毛羽长度								
	1mm	2mm	3mm	4mm	5mm	6mm	7mm	8mm	9mm
平均值	413.50	63.00	11.50	2.00	1.50	1.00	0.50	0.50	0.00
级差	75.00	18.00	3.00	2.00	1.00	2.00	1.00	1.00	0.00

项目	毛羽长度								
	1mm	2mm	3mm	4mm	5mm	6mm	7mm	8mm	9mm
频数比	84.76	12.45	2.30	0.12	0.12	0.12	0.00	0.12	0.00
毛羽指数	82.70	12.60	2.30	0.40	0.30	0.20	0.10	0.10	0.00
CV(%)	12.83	20.20	18.45	70.71	47.14	141.40	141.40	141.40	0.00

表 6.3.10　T19.7tex×2(7.78tex×2)高强低伸特种复合缝纫线强伸性能指标

项目	断裂强力 (cN)	伸长 (mm)	伸长率 (%)	断裂功 (N·m)	断裂时间 (s)	断裂强度 (cN/tex)
最大值	2023.00	85.00	17.00	10.3	0.903	67.43
最小值	1700.00	66.00	13.20	8.0	0.538	56.66
平均值	1492.00	59.00	11.80	7.2	0.424	49.73
均方差	2023.00	85.00	17.00	10.3	0.903	67.43
CV(%)	1492.00	59.00	11.80	7.2	0.424	49.73

表 6.3.11　T19.7tex×2(7.78tex×2)高强低伸特种复合缝纫线条干均匀度指标

项目	条干CV(%)	细节-50%(个/km)	粗节+50%(个/km)	棉结+200%(个/km)
平均值	7.10	0	0	0

6.3.2.6　涤纶 16tex×2(7.78tex×2)高强低伸特种复合缝纫线产品开发

开发的涤纶 16tex×2(7.78tex×2)〔T16tex×2(7.78tex×2)〕高强低伸特种复合缝纫线,毛羽指标、强力指标及条干指标分别见表6.3.12、表6.3.13、表6.3.14。

表 6.3.12　T16tex×2(7.78tex×2)高强低伸特种复合缝纫线毛羽指标

项目	毛羽长度								
	1mm	2mm	3mm	4mm	5mm	6mm	7mm	8mm	9mm
平均值	337.50	69.50	18.00	5.00	1.00	0.50	0.00	0.00	0.00
级差	69.00	13.00	0.00	0.00	0.00	1.00	0.00	0.00	0.00
频数比	79.41	15.26	3.85	1.19	0.15	0.15	0.00	0.00	0.00
毛羽指数	67.50	13.90	3.60	1.00	0.10	0.10	0.00	0.00	0.00
CV(%)	14.46	13.23	0.00	0.00	0.00	141	0.00	0.00	0.00

表 6.3.13　T16tex×2(7.78tex×2) 高强低伸特种复合缝纫线强力指标

项目	断裂强力 （cN）	伸长 （mm）	伸长率 （%）	断裂功 （N·m）	断裂时间 （s）	断裂强度 （cN/tex）
最大值	1467.00	74.00	14.80	8.90	0.615	48.900
最小值	1405.00	58.00	11.60	7.00	0.399	46.830
平均值	1444.00	68.00	13.60	8.20	0.542	48.140
均方差	34.10	8.70	1.74	1.04	0.124	1.140
CV(%)	2.36	12.70	12.70	12.60	22.890	2.360

表 6.3.14　T16 tex×2(7.78tex×2) 高强低伸特种复合缝纫线条干指标

项目	条干 CV （%）	细节 −50% （个/km）	粗节 +50% （个/km）	棉结 +200% （个/km）
平均值	6.65	5.31	0	0

通过嵌入式缝纫线的研究,开发生产了系列高强低伸特种复合缝纫线产品。生产工艺减少了三道工序,大大降低了生产成本,实现了高强低伸特种复合缝纫线的高效生产。开发出以涤纶 14tex×2(3.33tex×2) 为代表的高强低伸特种复合缝纫线产品,该系列产品成纱条干均匀,表面光洁,其独特的结构稳定性和强伸性等特点迎合了服装、鞋类的缝纫要求,可以广泛应用在高档服装、鞋类缝纫领域。

6.4　基于嵌入式复合纺纱技术的多组分纤维的产品开发

多组分纱线的纺制能充分利用各种纤维的优点,弥补其各自性能上的缺陷。多组分纤维复合成纱技术是目前国内纺织新技术的主要内容,利用多组分原料混合成纱是目前纺织面料新产品开发的热点之一,也是目前纺纱和纺织品发展的主要方向和趋势。

6.4.1　精梳棉/天竹/涤 27/27/46 7.4tex×2(3.33tex×2) 嵌入式复合纱的开发

精梳棉/天竹/涤 27/27/46 7.4tex×2(3.33tex×2) 是两根精梳棉/天竹 50/50 粗纱与两根 3.33tex 涤纶长丝采用嵌入式复合纺的方法纺制而成。将棉、天竹、涤三种纤维混纺,取长补短,纱聚三种纤维的优点于一身,并且避免了它们的缺点,从而达到改善可纺性和服用性能以及增加附加值的目的。综合三种纤维的特点,织物具有手感柔软、光泽亮丽、抗菌性好、吸湿放湿速度快以及透气性能优良等特点,能够有效降低温度,明显抑制细菌繁殖,对皮肤非常温和。加入涤纶后使织物尺寸稳定性较好,棉与天竹的高含量使织物整体染色性能较好,可以开发出各色面料。这种织物是一种全新的夏季时装理想面料,具有较为广阔的市场开发前景。

精梳棉/天竹/涤 27/27/46 7.4tex×2(3.33tex×2)产品的捻系数380,长丝张力1.53cN,定量14.8tex,该产品毛羽指标、条干指标及强力指标分别见表6.4.1、表6.4.2、表6.4.3。

表 6.4.1　精梳棉/天竹/涤 27/27/46 7.4tex×2(3.33tex×2)嵌入式复合纱的毛羽指标

项目	毛羽长度								
	1mm	2mm	3mm	4mm	5mm	6mm	7mm	8mm	9mm
平均值	61.93	11.20	3.00	0.80	0.60	0.13	0.07	0.07	0.00

表 6.4.2　精梳棉/天竹/涤 27/27/46 7.4tex×2(3.33tex×2)嵌入式复合纱的强力指标

项目	断裂强力 (cN)	伸长 (mm)	伸长率 (%)	断裂时间 (s)	断裂功 (N·m)	断裂强度 (cN/tex)
平均值	217.00	22.60	4.52	2.76	0.033	14.960

表 6.4.3　精梳棉/天竹/涤 27/27/46 7.4tex×2(3.33tex×2)嵌入式复合纱的条干指标

项目	条干CV (%)	细节-50% (个/km)	粗节+50% (个/km)	棉结+200% (个/km)
平均值	19.40	10	80	400

6.4.2　亚麻/莫代尔/棉/锦纶 19/19/16/46 7.3tex×2(3.33tex×2)嵌入式复合纱的开发

亚麻/莫代尔/棉/锦纶 19/19/16/46 7.3tex×2(3.33tex×2)是以两根亚麻/莫代尔/棉 35/35/30 粗纱和两根 3.33tex 锦纶长丝,采用嵌入式复合纺纱的方法纺制而成。其特点在于将亚麻纤维、莫代尔纤维、棉纤维和锦纶纤维几者的优点结合为一体,充分利用亚麻纤维优异的服用性能,如:吸湿性好、凉爽透气、防腐防霉等,弥补棉纤维放湿性能差的缺点;同时又有混纺的莫代尔纤维维持织物的尺寸稳定性,而且提高了织物的手感、吸水性和透气性;锦纶长丝强度高,提高了纱线的条干均匀度和强力,使得最终纺出的纱线即有亚麻纤维凉爽透气、防腐防霉的优点,又有棉纤维透气性好、吸湿性好、不起静电、不熔融和易于染色的特性,还有莫代尔纤维的吸湿悬垂性好和锦纶长丝强度高的各种优点,是较理想的服用纱线。

亚麻/莫代尔/棉/锦纶 19/19/16/46 7.3tex×2(3.33tex×2)[L/M/C/N19/19/16/46 7.3tex×2(3.33tex×2)]产品的捻系数 400,长丝张力 0.98cN,定量 14.6tex,表6.4.4、表6.4.5、表6.4.6 分别为毛羽指标、强力指标和条干指标。

表6.4.4　L/M/C/N 19/19/16/46 7.3tex×2(3.33tex×2)嵌入式复合纱的毛羽指标

项目	毛羽长度								
	1mm	2mm	3mm	4mm	5mm	6mm	7mm	8mm	9mm
平均值	784.50	183.50	60.50	25.0	9.50	2.50	2.00	1.00	0.00

表6.4.5　L/M/C/N 19/19/16/46 7.3tex×2(3.33tex×2)嵌入式复合纱的强力指标

项目	断裂强力 (cN)	伸长 (mm)	伸长率 (%)	断裂时间 (s)	断裂功 (N·m)	断裂强度 (cN/tex)
平均值	210.60	17.60	3.52	2.61	0.038	14.51

表6.4.6　L/M/C/N 19/19/16/46 7.3tex×2(3.33tex×2)嵌入式复合纱的条干指标

项目	条干CV (%)	细节(-50%) (个/km)	粗节(+50%) (个/km)	棉结(+200%) (个/km)
平均值	18.84	0.5	44	38

6.4.3　亚麻/棉/涤纶 30/25/45 7.3tex×2(3.33tex×2)嵌入式复合纱的开发

亚麻/棉/涤纶 30/25/45 7.3tex×2(3.33tex×2)[L/C/T30/25/45 7.3tex×2(3.33tex×2)]长丝针织纱是以两根亚麻/棉 55/45 粗纱和两根涤纶长丝,采用嵌入式复合纺纱的方法纺制而成。其特点在于将亚麻纤维、棉纤维和涤纶纤维三者的优点结合为一体,充分利用亚麻纤维优异的服用性能,即吸湿性好、防腐防霉、凉爽透气等,以弥补棉纤维放湿性能差的缺点,同时涤纶纤维也可以弥补亚麻、竹纤维长度短等缺点,使得最终纺出的纱线既有亚麻纤维防腐防霉、凉爽透气的优点,又有棉纤维吸湿性好、透气性好、不熔融、不起静电和易于染色的特性,是较理想的纱线。14.6tex

亚麻/棉/涤纶针织纱细度较细,织成的织物柔软、舒适、贴身、运动自如,可生产轻薄型织物,如夏季用服装、内衣等。

亚麻/棉/涤纶 30/25/45 7.3tex×2(3.33tex×2)产品的捻系数 400,长丝张力 0.98cN,定量 14.6tex,该产品的毛羽指标、强力指标及条干指标分别见表 6.4.7、表 6.4.8、表 6.4.9。

表 6.4.7　L/C/T 30/25/45 7.3tex×2(3.33tex×2)嵌入式复合纱的毛羽指标

项目	毛羽长度								
	1mm	2mm	3mm	4mm	5mm	6mm	7mm	8mm	9mm
平均值	94.40	28.10	10.05	3.50	1.80	0.08	0.40	0.10	0.05

表 6.4.8　L/C/T 30/25/45 7.3tex×2(3.33tex×2)嵌入式复合纱的强力指标

项目	断裂强力 (cN)	伸长 (mm)	伸长率 (%)	断裂时间 (s)	断裂功 (N·m)	断裂强度 (cN/tex)
平均值	220.50	18.60	3.72	2.36	0.035	15.100

表 6.4.9　L/C/T 30/25/45 7.3tex×2(3.33tex×2)嵌入式复合纱的条干指标

项目	条干 CV (%)	细节(-50%) (个/km)	粗节(+50%) (个/km)	棉结(+200%) (个/km)
平均值	19.13	120	360	420

6.4.4　亚麻/棉/莫代尔/锦纶 15/25/25/35 9.8tex×2(3.33tex×2)嵌入式复合纱的开发

亚麻/棉/莫代尔/锦纶 15/25/25/35 9.8tex×2(3.33tex×2)[L/C/M/ N15/25/25/35 9.8tex×2(3.33tex×2)]纱线是用亚麻/棉/莫代尔粗纱及两根 3.33tex 的锦纶长丝,采用嵌入式复合纺的方法纺制而成。其特点是成纱光泽好,具有宜人的柔软触摸感、悬垂感以及良好的强力和耐磨性。织物的弹性及弹性回复性较好,具有良好的耐穿性、吸湿性、舒适性、悬垂性、硬挺度和染色性,是优良的夏季面料用纱线。

亚麻/棉/莫代尔/锦纶 15/25/25/35 9.8tex×2(3.33tex×2)产品的捻系数 400,长丝张力 0.98cN,定量 19.6tex,该产品的毛羽指标、强力指标及条干指标分别见表 6.4.10、表 6.4.11、表 6.4.12。

表 6.4.10　L/C/M/ N15/25/25/35 9.8tex×2(3.33tex×2)嵌入式复合纱的毛羽指标

项目	毛羽长度								
	1mm	2mm	3mm	4mm	5mm	6mm	7mm	8mm	9mm
平均值	59.70	9.80	3.00	1.10	0.40	0.20	0.20	0.10	0.00

表 6.4.11　L/C/M/ N15/25/25/35 9.8tex×2(3.33tex×2)嵌入式复合纱的强力指标

项目	断裂强力 (cN)	伸长 (mm)	伸长率 (%)	断裂时间 (s)	断裂功 (N·m)	断裂强度 (cN/tex)
平均值	397.00	29.00	5.80	3.53	0.084	22.050

表 6.4.12　L/C/M/ N15/25/25/35 9.8tex×2(3.33tex×2)嵌入式复合纱的条干指标

项目	条干CV (%)	细节(−50%) (个/km)	粗节(+50%) (个/km)	棉结(+200%) (个/km)
平均值	13.52	0	280	280

6.4.5　棉/黏/锦 66/17/17 9.8tex×2(3.33tex×2)嵌入式复合纱的开发

棉/黏/锦 66/17/17 9.8tex×2(3.33tex×2)〔C/R/N66/17/17 9.8tex×2 (3.33tex×2)〕嵌入式复合纱是用长绒棉制成的粗纱与一根 3.33tex 锦纶长丝和一根 3.33tex 黏胶长丝采用嵌入式复合纺纱技术纺制而成。该产品经过织造、染整处理后 不仅具有手感柔软、透气性好、吸湿能力强、强力高、耐磨性好等优点,还具有独特的 染色效果,是制作高档服装面料的理想原料。

棉/黏/锦 66/17/17 9.8tex×2(3.33tex×2)产品的捻系数 380,长丝张力 0.98cN,定量 19.6tex,该产品的实测捻度、毛羽指标、强力指标及条干指标见表 6.4.13~表 6.4.16。

表 6.4.13　实测捻度

1	2	3	4	5	平均值
85.40	77.78	81.84	77.68	86.60	81.86

表 6.4.14　C/R/N66/17/17 9.8tex×2(3.33tex×2)嵌入式复合纱的毛羽指标

项目	毛羽长度								
	1mm	2mm	3mm	4mm	5mm	6mm	7mm	8mm	9mm
平均值	1113.10	270.00	82.40	27.70	9.90	3.30	0.70	0.00	0.10
级差	181.00	97.00	53.00	27.00	14.00	9.00	3.00	0.00	1.00
频数比	75.74	16.85	4.91	1.60	0.59	0.23	0.06	0.00	0.01
毛羽指数	111.31	27.00	8.24	2.77	0.99	0.33	0.07	0.00	0.01
CV(%)	5.34	14.66	18.36	34.17	48.90	85.77	135.53	0.00	0.00

表 6.4.15　C/R/N66/17/17 9.8tex×2(3.33tex×2)嵌入式复合纱的强力指标

项目	断裂强力 (cN)	伸长 (mm)	伸长率 (%)	断裂时间 (s)	断裂功 (N·m)	断裂强度 (cN/tex)
最大值	375.00	24.00	4.80	3.00	0.043	1.903
最小值	309.00	16.00	3.20	2.00	0.033	1.568
平均值	341.00	19.20	3.84	2.38	0.038	17.30
均方差	25.60	3.40	0.68	0.42	0.004	0.130
CV(%)	7.50	17.70	17.70	17.64	12.580	7.530

表 6.4.16　C/R/N66/17/17 9.8tex×2(3.33tex×2)嵌入式复合纱的条干指标

项目	条干 CV (%)	细节(−50%) (个/km)	粗节(+50%) (个/km)	棉结(+200%) (个/km)
平均值	10.75	0	60	180

6.4.6　棉/锦 66/34 9.8tex×2(3.33tex×2)嵌入式复合纱的开发

棉/锦 66/34 9.8tex×2(3.33tex×2)[C/N66/34 9.8tex×2(3.33tex×2)]嵌入式复合纱是用长绒棉制成的粗纱与两根 3.33tex 的锦纶运用嵌入式复合纺纱技术纺制的纱线。锦纶纤维具有强度高、耐冲击性好、体积质量较轻、染色性能较好的特点,尤其是它具有超强的弹力及弹性回复性,而且其优越的耐磨性能很适于制作弹性好、耐磨性强的部队训练服装面料。当其与一定比例的棉纤维混纺后,利用不同纤维组合产生的复合效应与功能互补,有效地改善了织物的吸湿性能与穿着的舒适性。在保证织物耐磨性能及尺寸稳定性的基础上,提高了织物的抗皱性能。经染整加工后的成衣手感柔软丰满,穿着轻巧随意且富有弹性,可满足制作部队训练服装面料的需求。

棉/锦 66/34 9.8tex×2(3.33tex×2)产品的捻系数 380,长丝张力 0.98cN,定量 19.7tex,该产品的实测捻度、毛羽指标、强力指标及条干指标见表 6.4.17~表 6.4.20。

表 6.4.17　实测捻度

1	2	3	4	5	平均值
81.90	80.08	86.02	78.36	75.72	80.42

表 6.4.18　C/N66/34 9.8tex×2(3.33tex×2)嵌入式复合纱的毛羽指标

项目	毛羽长度								
	1mm	2mm	3mm	4mm	5mm	6mm	7mm	8mm	9mm
平均值	847.20	173.80	47.20	12.80	3.80	0.60	0.40	0.20	0.20
级差	239.00	141.00	38.00	12.00	6.00	1.00	1.00	1.00	1.00
频数比	79.49	14.94	4.06	1.06	0.38	0.02	0.02	0.00	0.02
毛羽指数	84.72	17.38	4.72	1.28	0.38		0.04	0.02	0.02
CV(%)	10.56	31.08	29.14	38.43	70.61	91.29	136.93	223.61	223.61

表 6.4.19　C/N66/34 9.8tex×2(3.33tex×2)嵌入式复合纱的强力指标

项目	断裂强力 (cN)	伸长 (mm)	伸长率 (%)	断裂时间 (s)	断裂功 (N·m)	断裂强度 (cN/tex)
最大值	366.00	32.00	6.40	3.90	0.054	1.857
最小值	337.00	27.00	5.40	3.30	0.045	1.710
平均值	351.60	29.00	5.80	3.52	0.049	17.84
均方差	12.40	1.80	0.37	0.22	0.003	0.062
CV(%)	3.52	6.20	6.37	6.25	6.750	3.510

表 6.4.20　C/N66/34 9.8tex×2(3.33tex×2)嵌入式复合纱的条干指标

项目	条干 CV (%)	细节(-50%) (个/km)	粗节(+50%) (个/km)	棉结(+200%) (个/km)
平均值	9.93	120	20	100

6.4.7 棉/涤/锦 66/17/17 9.8tex×2(3.33tex×2)嵌入式复合纱的开发

棉/涤/锦 66/17/17 9.8tex × 2（3.33tex × 2）［C/T/N66/17/17 9.8tex × 2（3.33tex ×2）］嵌入式复合纱采用长绒棉制成的粗纱与一根3.33tex涤纶长丝和一根3.33tex锦纶长丝采用嵌入式复合纺纱技术纺制而成。用该纱制作的针织面料兼备了锦纶纤维的柔软性,棉纤维的吸湿与柔软性,涤纶的挺括、滑爽和抗皱性等特点,具有独特的手感和视觉效果,较大地提升了产品的附加值。

棉/涤/锦 66/17/17 9.8tex × 2（3.33tex × 2）产品的捻系数380,长丝张力0.98cN,定量19.6tex,该产品的实测捻度、毛羽指标、强力指标及条干指标见表6.4.21 ~ 表6.4.24。

表 6.4.21 实测捻度

1	2	3	4	5	平均值
85.10	85.38	84.70	79.50	78.84	82.70

表 6.4.22 C/T/N 66/17/17 9.8tex×2(3.33tex×2)嵌入式复合纱的毛羽指标

项目	1mm	2mm	3mm	4mm	5mm	6mm	7mm	8mm	9mm
平均值	1030.20	252.40	78.80	28.80	8.00	3.40	1.00	0.40	0.20
级差	78.00	47.00	23.00	13.00	4.00	5.00	2.00	1.00	1.00
频数比	75.50	16.85	4.85	2.02	0.45	0.23	0.06	0.02	0.02
毛羽指数	103.02	25.24	7.88	2.88	0.80	0.34	0.10	0.04	0.02
CV(%)	3.30	9.03	12.35	17.94	19.76	53.43	100.00	136.93	223.61

表 6.4.23 C/T/N 66/17/17 9.8tex×2(3.33tex×2)嵌入式复合纱的强力指标

项目	断裂强力 （cN）	伸长 （mm）	伸长率 （%）	断裂时间 （s）	断裂功 （N·m）	断裂强度 （cN/tex）
最大值	394.00	26.00	5.20	3.20	0.050	2.000
最小值	305.00	19.00	308.00	2.40	0.034	1.548
平均值	347.00	23.00	4.60	2.82	0.041	17.610
均方差	39.90	2.60	0.52	0.29	0.007	0.202
CV(%)	11.49	11.30	11.30	10.28	17.170	11.510

表 6.4.24　C/T/N 66/17/17 9.8tex×2(3.33tex×2)嵌入式复合纱的条干指标

项目	条干 CV (%)	细节(-50%) (个/km)	粗节(+50%) (个/km)	棉结(+200%) (个/km)
平均值	11.43	0	40	140

6.4.8　棉/涤/黏 66/17/17 9.8tex×2(3.33tex×2)嵌入式复合纱的开发

棉/涤/黏 66/17/17 9.8tex×2(3.33tex×2)[C/T/R66/17/17 9.8tex×2]嵌入式复合纱是用长绒棉制成的粗纱与一根 3.33tex 涤纶长丝和一根 3.33tex 黏胶长丝采用嵌入式复合纺纱技术纺制而成的纱线。低特涤纶长丝和低特黏胶长丝已经在国内外纺织工业中得到了应用。该长丝具有比表面积大、柔软性好、抗弯刚度小、悬垂性好和光滑而富有弹性等特点;其纱线条干均匀、结杂少、品质优良;其织物表面光滑、质地轻盈飘逸、透气性良好、手感舒适。织物经过染整加工后,其悬垂性优良、色泽柔和、质地华贵典雅,具有丝绸般的风格,因而深受消费者的青睐,是高档服饰面料的理想选择。

棉/涤/黏 66/17/17 9.8tex×2(3.33tex×2)产品的捻系数 380,长丝张力 0.98 cN,定量 19.6tex,该产品的实测捻度、毛羽指标、强力指标及条干指标见表 6.4.25 ~ 表 6.4.28。

表 6.4.25　实测捻度

1	2	3	4	5	平均值
75.80	83.38	82.84	85.00	87.06	82.816

表 6.4.26　C/T/R 66/17/17 9.8tex×2(3.33tex×2)嵌入式复合纱的毛羽指标

项目	毛羽长度								
	1mm	2mm	3mm	4mm	5mm	6mm	7mm	8mm	9mm
平均值	611.30	156.40	51.10	17.90	7.10	2.60	0.80	0.50	0.00
级差	92.00	46.00	18.00	10.00	12.00	6.00	2.00	2.00	0.00
频数比	74.42	17.23	5.43	1.77	0.74	0.29	0.05	0.08	0.00
毛羽指数	122.26	31.28	10.22	3.58	1.42	0.52	0.16	0.10	0.00
CV(%)	4.34	10.06	10.85	21.14	54.12	63.33	114.87	141.42	0.00

表 6.4.27　C/T/R66/17/17 9.8tex×2(3.33tex×2)嵌入式复合纱的强力指标

项目	断裂强力 （cN）	伸长 （mm）	伸长率 （%）	断裂时间 （s）	断裂功 （N·m）	断裂强度 （cN/tex）
最大值	431.00	22.00	4.40	2.70	0.054	1.657
最小值	357.00	16.00	3.20	2.00	0.038	1.373
平均值	392.80	19.00	3.80	2.36	0.046	1.510
均方差	29.40	2.20	0.44	0.27	0.007	0.113
CV(%)	7.48	11.57	11.57	11.44	16.060	7.480

表 6.4.28　C/T/R 66/17/17 9.8tex×2(3.33tex×2)嵌入式复合纱的条干指标

项目	条干 CV （%）	细节（-50%） （个/km）	粗节（+50%） （个/km）	棉结（+200%） （个/km）
平均值	12.78	0	40	0

6.4.9　棉/涤/黏 33/33/34 9.8tex×2(3.33tex×2)嵌入式复合纱的开发

棉/涤/黏 33/33/34 9.8tex×2（3.33tex×2）［C/T/R33/33/34 9.8tex×2(3.33tex×2)］嵌入式复合纱是用一根长绒棉制成的粗纱和一根涤纶粗纱与两根 3.33tex 黏胶长丝采用嵌入式复合纺纱技术纺制而成。棉/涤/黏 33/33/34 9.8tex×2（3.33tex×2）与棉/涤/黏 66/17/17 9.8tex×2(3.33tex×2)相比,棉的含量较低,提高了涤纶短纤的含量,进一步提高了织物的悬垂性,使得织物光滑而富有弹性。

棉/涤/黏 33/33/34 9.8tex×2（3.33tex×2）产品的捻系数 380,长丝张力 0.98cN,定量 19.6tex,该产品的实测捻度、毛羽指标、强力指标及条干指标见表 6.4.29～表 6.4.32。

表 6.4.29　实测捻度

1	2	3	4	5	平均值
73.20	77.82	89.04	89.16	80.16	81.876

表 6.4.30　C/T/R33/33/34 9.8tex×2(3.33tex×2)嵌入式复合纱的毛羽指标

项目	1mm	2mm	3mm	4mm	5mm	6mm	7mm	8mm	9mm
平均值	571.90	137.50	45.90	17.00	8.10	3.60	1.10	0.20	0.10
级差	63.00	61.00	35.00	21.00	13.00	7.00	4.00	1.00	1.00
频数比	75.96	16.02	5.05	1.56	0.79	0.44	0.16	0.02	0.02
毛羽指数	114.38	27.50	9.18	3.40	1.62	0.72	0.22	0.04	0.02
CV(%)	4.21	14.47	24.74	37.61	48.15	64.42	131.74	210.82	316.23

表 6.4.31　C/T/R33/33/34 9.8tex×2(3.33tex×2)嵌入式复合纱的强力指标

项目	断裂强力 (cN)	伸长 (mm)	伸长率 (%)	断裂时间 (s)	断裂功 (N·m)	断裂强度 (cN/tex)
最大值	516.00	54.00	10.80	6.50	0.172	1.984
最小值	386.00	29.00	5.80	3.60	0.070	1.484
平均值	438.80	38.40	7.68	4.68	0.106	1.687
均方差	48.50	9.50	1.90	1.11	0.038	0.186
CV(%)	11.05	24.73	24.73	23.71	36.470	11.050

表 6.4.32　C/T/R33/33/34 9.8tex×2(3.33tex×2)嵌入式复合纱的条干指标

项目	条干CV (%)	细节(-50%) (个/km)	粗节(+50%) (个/km)	棉结(+200%) (个/km)
平均值	10.45	0	20	0

6.4.10　棉/氨 79/21 7.8tex×2(3.33tex×2)嵌入式复合纱的开发

棉/氨 79/21 7.8tex×2(3.33tex×2)嵌入式复合纱是用两根由长绒棉制成的粗纱与两根氨纶长丝,采用嵌入式复合纺纱技术纺制而成。氨纶长丝预牵伸采取 2 倍的牵伸。棉/氨 79/21 7.8tex×2(3.33tex×2)嵌入式复合纱为针织和梭织制品提供了高品位、多档次的纱线原料,迎合了现代服饰的潮流。棉/氨嵌入式复合纱把氨纶良好的弹性、回复性能和棉纤维的优良特点揉为一体,弥补了单一组分的缺陷。制成的经编、纬编、机织和其他织物具有优越的弹性、良好的吸湿性及穿着舒适性,可广泛用于各种产品中。

棉/氨79/21 7.8tex×2(3.33tex×2)[C/SP 79/21 7.8tex×2(3.33tex×2)]产品的捻系数380,长丝张力1.53cN,定量15.6tex,该产品的实测捻度、毛羽指标、强力指标及条干指标见表6.4.33~表6.4.36(SP为氨纶)。

表6.4.33　实测捻度

1	2	3	4	5	平均值
117.08	120.18	116.02	118.34	108.06	115.936

表6.4.34　C/SP79/21 7.8tex×2(3.33tex×2)嵌入式复合纱的毛羽指标

项目	毛羽长度								
	1mm	2mm	3mm	4mm	5mm	6mm	7mm	8mm	9mm
平均值	243.70	29.70	5.70	1.30	0.60	0.20	0.00	0.00	0.00
级差	49.00	14.00	9.00	5.00	2.00	1.00	0.00	0.00	0.00
频数比	87.81	9.85	1.81	0.29	0.16	0.08	0.00	0.00	0.00
毛羽指数	48.74	5.94	1.14	0.26	0.12	0.04	0.00	0.00	0.00
CV(%)	5.45	15.06	45.34	109.09	116.53	210.82	0.00	0.00	0.00

表6.4.35　C/SP79/21 7.8tex×2(3.33tex×2)嵌入式复合纱的强力指标

项目	断裂强力 (cN)	伸长 (mm)	伸长率 (%)	断裂时间 (s)	断裂功 (N·m)	断裂强度 (cN/tex)
最大值	346.00	32.00	6.40	3.90	0.053	1.330
最小值	294.00	24.00	4.80	3.00	0.042	1.130
平均值	314.80	26.80	5.36	3.30	0.047	0.078
均方差	20.50	3.20	0.65	0.36	0.004	0.078
CV(%)	6.51	11.94	12.12	10.90	8.930	6.510

表6.4.36　C/SP79/21 7.8tex×2(3.33tex×2)嵌入式复合纱的条干指标

项目	条干CV (%)	细节(-50%) (个/km)	粗节(+50%) (个/km)	棉结(+200%) (个/km)
平均值	17.36	20	140	0

6.4.11 棉/锦/氨 67/22/11 7.3tex×2(3.33tex×2)嵌入式复合纱的开发

棉/锦/氨 67/22/11 7.3tex × 2 (3.33tex × 2) [C/N/SP67/22/11 7.3tex × 2 (3.33tex×2)]嵌入式复合纱是用两根长绒棉制成的粗纱与一根锦纶长丝和一根氨纶长丝,采用嵌入式复合纺纱技术纺制而成。氨纶长丝预牵伸采取 2 倍牵伸。由于锦纶纤维具有体积质量较轻、强度高、耐冲击性好、染色性能较好的特点,而且具有超强的弹力及弹性回复性和很好的耐磨性能。锦纶纤维在湿态下优于涤纶 2 倍,干态下的耐磨性能优于涤纶 4.5 倍,适于制作耐磨性强、弹性好的部队作训服装面料。氨纶具有良好的弹性,由氨纶与其他纤维混纺制成的服装能适应身体各部分变形的需要,并能减轻服装对身体的束缚感,穿着舒适。棉/锦/氨 67/22/11 7.3tex × 2 (3.33tex×2)嵌入式复合纱采用锦纶、氨纶和一定比例的棉纤维混纺,利用不同纤维组合产生的复合效应与功能互补,有效地改善了织物的吸湿性及穿着的舒适性,在保证织物尺寸稳定性、耐磨性能的基础上,提高了织物的抗皱性能及人体穿着的舒适度。

棉/锦/氨 67/22/11 7.3tex × 2 (3.33tex × 2)产品的捻系数 380,长丝张力 1.53cN,定量 14.6tex,该产品的实测捻度、毛羽指标、强力指标及条干指标见表 6.4.37 ~ 表 6.4.40。

表 6.4.37 实测捻度

1	2	3	4	5	平均值
103.96	100.86	107.00	105.70	104.82	104.468

表 6.4.38 C/N/SP67/22/11 7.3tex×2(3.33tex×2)嵌入式复合纱的毛羽指标

项目	毛羽长度								
	1mm	2mm	3mm	4mm	5mm	6mm	7mm	8mm	9mm
平均值	316.70	56.80	16.30	4.20	2.00	0.30	0.00	0.00	0.00
级差	72.00	24.00	11.00	3.00	6.00	2.00	0.00	0.00	0.00
频数比	82.07	12.79	3.82	0.69	0.54	0.09	0.00	0.00	0.00
毛羽指数	63.34	11.36	3.26	0.84	0.40	0.06	0.00	0.00	0.00
CV(%)	6.99	12.99	22.22	24.59	84.98	224.98	0.00	0.00	0.00

表 6.4.39 C/N/SP67/22/11 7.3tex×2(3.33tex×2)嵌入式复合纱的强力指标

项目	断裂强力 （cN）	伸长 （mm）	伸长率 （%）	断裂时间 （s）	断裂功 （N·m）	断裂强度 （cN/tex）
最大值	277.00	25.00	5.00	3.10	0.039	1.065
最小值	201.00	16.00	3.20	2.00	0.020	0.773
平均值	238.40	19.20	3.84	2.38	0.028	0.916
均方差	27.40	3.40	0.69	0.43	0.006	0.105
CV(%)	11.49	17.70	17.96	18.06	24.750	11.490

表 6.4.40 C/N/SP 67/22/11 7.3tex×2(3.33tex×2)嵌入式复合纱的条干指标

项目	条干 CV （%）	细节（-50%） （个/km）	粗节（+50%） （个/km）	棉结（+200%） （个/km）
平均值	13.22	0	20	0

6.4.12 棉/黏/氨 67/22/11 7.3tex×2(3.33tex×2)嵌入式复合纱的开发

棉/黏/氨 67/22/11 7.3tex×2(3.33tex×2)[C/R/SP67/22/11 7.3tex×2(3.33tex×2)]嵌入式复合纱是用两根长绒棉制成的粗纱与一根黏胶长丝和一根氨纶长丝,采用嵌入式复合纺纱技术纺制而成。氨纶长丝预牵伸采取 2 倍牵伸。棉/黏/氨 67/22/11 7.3tex×2(3.33tex×2)嵌入式复合纱既具有黏胶纤维吸湿性强、染色性能好的特点,又具有棉纤维吸汗透气、柔软、容易清洗、不易起毛起球的特点,高弹性氨纶的加入更使棉/黏/氨嵌入式复合纱生产的服装具有穿着舒适、透气、手感柔软、不起皱、保型性好等特点。

棉/黏/氨 67/22/11 7.3tex×2(3.33tex×2)产品的捻系数 380,长丝张力 1.53cN,定量 14.6tex,该产品的实测捻度、毛羽指标、强力指标及条干指标见表 6.4.41～表6.4.44。

表 6.4.41 实测捻度

1	2	3	4	5	平均值
93.46	96.40	110.36	94.32	98.28	98.564

表6.4.42　C/R/SP 67/22/11 7.3tex×2(3.33tex×2)嵌入式复合纱的毛羽指标

项目	毛羽长度								
	1mm	2mm	3mm	4mm	5mm	6mm	7mm	8mm	9mm
平均值	350.50	75.30	21.40	8.00	3.00	1.00	0.60	0.10	0.00
级差	77.00	41.00	14.00	9.00	5.00	3.00	3.00	1.00	0.00
频数比	78.52	15.38	3.82	1.43	0.57	0.11	0.14	0.03	0.00
毛羽指数	70.10	15.06	4.28	1.60	0.60	0.20	0.12	0.02	0.00
CV(%)	7.35	16.29	21.61	30.62	52.12	105.41	179.16	316.23	0.00

表6.4.43　C/R/SP 67/22/11 7.3tex×2(3.33tex×2)嵌入式复合纱的强力指标

项目	断裂强力 (cN)	伸长 (mm)	伸长率 (%)	断裂时间 (s)	断裂功 (N·m)	断裂强度 (cN/tex)
最大值	252.0	19.0	3.80	2.40	0.031	0.969
最小值	203.0	7.0	1.40	0.90	0.011	0.780
平均值	229.4	15.2	3.04	1.90	0.024	0.881
均方差	21.5	5.0	1.00	0.60	0.008	0.082
CV(%)	9.37	32.89	32.89	31.57	34.020	9.400

表6.4.44　C/R/SP 67/22/11 7.3tex×2(3.33tex×2)嵌入式复合纱的条干指标

项目	条干CV (%)	细节(-50%) (个/km)	粗节(+50%) (个/km)	棉结(+200%) (个/km)
平均值	13.78	0	40	0

6.5　毛类嵌入式产品开发

6.5.1　毛11.8 tex×2 的产品开发

　　某毛纺公司使用羊毛纤维与2.22tex水溶性维纶长丝应用嵌入式复合纺纱技术开发了系列羊毛高支嵌入式复合纱,如WOOL 11.8 tex×2 (2.22tex×2),WOOL 5.1 tex×2(2.22tex×2),WOOL 3.5 tex×2(2.22tex×2)等,织成面料后去掉面料中的水溶性维纶,因此制成面料为纯羊毛轻薄面料。WOOL 11.8 tex×2 (2.22tex×2)工艺质量如表6.5.1所示(WOOL 为羊毛)。

表 6.5.1 WOOL 11.8 tex×2（2.22tex×2）工艺质量表

品种	WOOL 11.8×2 tex（2.22tex×2）	
纺部工艺	混条定量（g/5m）：20	
	头针定量（g/5m）：20	并合数（根）：7
	二针定量（g/5m）：15	并合数（根）：4
	精梳定量（g/5m）：18	并合数（根）：20
	三针定量（g/5m）：20	并合数（根）：8
	四针定量（g/5m）：20	并合数（根）：8
	末针定量（g/5m）：20	并合数（根）：8
	头道定量（g/5m）：20	并合数（根）：8
	二道定量（g/5m）：9.9	并合数（根）：4
	三道定量（g/5m）：4.9	并合数（根）：4
	四道定量（g/5m）：3.0	并合数（根）：4
	末粗定量（g/10m）：2.7	搓捻（次/m）：10
	单纱湿重（g/100m）：3.122	单纱干重（g/100m）：2.720
	公定回潮率（%）：14.8	单纱实际捻度（T/m）：950
	细纱牵伸倍数（倍）：21.6	锭速（r/min）：8600
	清纱参数：N：250 S：150×4.0cm L：50×50cm T：−40×50cm	
	蒸纱：75℃×40min 双	
织部工艺	织物组织：2/1	织物经纬密度（根/10cm）：277×267
	幅宽（cm）：188	车速（r/min）：300
成品质量指标	成纱质量检测指标	去维定量（g/km）：23.7	
		条干 CV（%）：13.16	细节 −50%（个/km）：2
		粗节 +50%（个/km）：5	毛粒 +200%（个/km）：12
		断裂长度（mm）：12.1	断裂伸长率（%）：16.42
	成品面料质量检测指标	克重（g/㎡）：169	起泡（级）：3～4
		起毛起球（级）：4	耐洗色牢度（级）：4
	耐摩擦色牢度（级）：干摩4，湿摩4		

6.5.2 毛5.1tex×2 的产品开发

WOOL 5.1 tex×2（2.22tex×2）工艺质量如表 6.5.2 所示。

表 6.5.2　WOOL 5.1 tex×2(2.22tex×2)工艺质量表

品种	WOOL5.1tex×2(2.22tex×2)	
纺部工艺	混条定量(g/5m):20	
	头针定量(g/5m):20	并合数(根):7
	二针定量(g/5m):15	并合数(根):4
	精梳定量(g/5m):18	并合数(根):20
	三针定量(g/5m):20	并合数(根):8
	四针定量(g/5m):20	并合数(根):8
	末针定量(g/5m):20	并合数(根):8
	头道定量(g/5m):17	并合数(根):7
	二道定量(g/5m):7.9	并合数(根):4
	三道定量(g/5m):3.9	并合数(根):4
	四道定量(g/5m):2.2	并合数(根):4
	末粗定量(g/10m):1.6	搓捻(次/米):11
	单纱湿重(g/100m):1.778	单纱干重(g/100m):1.599
	公定回潮率(%):11.19 细纱牵伸倍数(倍):32	单纱实际捻度(T/m):1500 锭速(r/min):8000
	清纱参数:N:250 S:150×4.0cm L:50×50cm T:−40×50cm	
	蒸纱:75℃×40min 双	
织部工艺	织物组织:2/2　织物经纬密度(根/10cm):581×400	
	幅宽(cm):188　车速(r/min):300	
成品质量指标	成纱质量检测指标	去维定量(g/km):10.2	
		条干 CV(%):12.29	细节−50%(个/km):0
		粗节+50%(个/km):6	毛粒+200%(个/km):8
		断裂长度(mm):8.8	断裂伸长率(%):24.83
	成品面料质量检测指标	克重(g/m^2):100	起泡(级):3~4
		起毛起球(级):3~4	耐洗色牢度(级):4
	耐摩擦色牢度(级):干摩4~5,湿摩4	

6.5.3　毛 3.5tex×2 的产品开发

WOOL3.5 ×2 tex(2.22tex×2)工艺质量如表 6.5.3 所示。

表 6.5.3　WOOL 3.5 tex×2(2.22tex×2)工艺质量表

品种		WOOL3.5 ×2 tex(2.22tex×2)	
纺部工艺		混条定量(g/5m):20	
		头针定量(g/5m):20	并合数(根):7
		二针定量(g/5m):15	并合数(根):4
		精梳定量(g/5m):18	并合数(根):20
		三针定量(g/5m):20	并合数(根):8
		四针定量(g/5m):20	并合数(根):8
		末针定量(g/5m):20	并合数(根):8
		头道定量(g/5m):20	并合数(根):8
		二道定量(g/5m):9.9	并合数(根):4
		三道定量(g/5m):4.9	并合数(根):4
		四道定量(g/5m):2.5	并合数(根):4
		五道定量(g/5m):1.4	并合数(根):4
		末粗定量(g/10m):1.15	搓捻(次/m):11
		单纱湿重(g/100m):1.445	单纱干重(g/100m):1.312
		公定回潮率(%):10.08	单纱实际捻度(T/m):1419.1
		细纱牵伸倍数(倍):40.25	锭速(r/min):8000
		清纱参数:N:250 S:150×4.0cm L:50×50cm T:−40×50cm	
		蒸纱:75℃×40min 双	
织部工艺		织物组织:2/2	织物经纬密度(根/10cm):693×450
		幅宽(cm):166	车速(rpm):300
成品质量指标	成纱质量检测指标	去维定量(g/km):0.6	
		条干CV(%):10.8	细节−50%(个/km):0
		粗节+50%(个/km):5	毛粒+200%(个/km):15
		断裂长度(mm):10.43	断裂伸长率(%):43.64
	成品面料质量检测指标	克重(g/m²):90	起泡(级):3
		起毛起球(级):3	耐洗色牢度(级):4
	耐摩擦色牢度(级):干摩 4~5,湿摩 4		

6.5.4　高支羊毛西服面料的产品开发

某毛纺公司使用羊毛纤维与4.2tex水溶性维纶长丝采用嵌入式复合纺纱技术开

发了系列高支羊毛嵌入式复合纱,织成面料后去掉面料中的水溶性维纶,制成高支羊毛西服轻薄面料。

1. 染色原料投入

WOOL100 公支(16.5μm) 为 48%,WOOL 90 公支(17.5μm) 为 48%,PE1.7dtex 为 4%,颜色为深蓝色,染色方式为毛条染色。

2. 前纺工艺

前纺工艺流程如下:

混条→一号针梳→二号针梳→PB31 精梳机→四号针梳→五号针梳→粗纱

前纺工艺设计如表6.5.4所示。

6.5.4 前纺工艺设计表

项目	混条	一针	二针	三针	四针	五针	粗纱
纺出定量(g/m)	24	21	12	3.8	1.5	0.4	0.16
并合(根)	12	7	4	2	2	2	2
牵伸(倍)	9.0	8.0	7.0	6.3	6.6	5.8	5.0
出条速度(r/min)	100	90	80	80	60	60	60
隔距(mm)	50	37	35	30	25	—	—

粗纱重 0.5kg/个;

加油条件:油:水 = 1:5,加油量为 50cc/min;

配比:和毛油 FN 为 15%,抗静电剂 1027 为 15%,水为 70%。

3. 后纺工艺

细纱:细纱机型号 PSF-1;

粗纱条重为 0.16 g/m,混率 WOOL 100 公支为 48%,WOOL 90 公支为 48%,PE1.7dtex 为 4%,水溶性维纶长丝为 4.2tex。经纬纱工艺设计如表6.5.5所示。

6.5.5 经纬纱工艺设计表

项目	经纱 10.75tex×2	纬纱 8.5tex×2
制作方式	两根粗纱嵌入两根维纶长丝	两根粗纱嵌入一根维纶长丝
牵伸牙(齿)	D.C.W=35 B.C.W=75	D.C.W=37 B.C.W=77
上机捻度(T/m)	1088	1088
捻度牙(齿)	24	24

项目	经纱 10.75tex×2	纬纱 8.5tex×2
钢丝钩(号)	28	28
锭速(r/min)	8500	9000
成形牙(齿)	51×72	51×72
级升齿数(齿)	15	15
落纱牙(齿)	22×50	22×50

蒸纱条件:60℃×15min。

络筒机型号:赐来福238型。

定长:张力为4cN,气压为300kPa。

清纱器设定:N为200%,S为200%,L为34%×28cm,T为28%×40cm。

经纱纬纱定量测量如表6.5.6所示,经纱纬纱质量测量如表6.5.7所示。

6.5.6 经纬纱定量测量表

项目	1	2	3	4	5	6	7	8	平均值	标准差
经纱定量(g/100m)	2.159	2.110	2.150	2.119	2.115	2.119	2.150	2.129	2.131	0.24
纬纱定量(g/100m)	1.680	1.700	1.709	—	—	—	—	—	1.696	0.23

6.5.7 经纬纱质量测定表

项目	条干 CV (1m) (%)	条干 CV (10m) (%)	细节(-50%) (个/km)	粗节(+50%) (个/km)	棉结(+200%) (个/km)
经纱	3.82	1.67	0	3	5
纬纱	4.82	2.21	35	27	15

4. 织造工艺

织造工艺设计如表6.5.8所示。织物组织图如图6.5.1所示。

6.5.8 织造工艺设计表

项目	上机	坯布	成品
经密(根/in)	165	172	187
纬密(根/in)	116	124	127

项目	上机	胚布	成品
幅宽(cm)	170.2	163.0	150.0
匹长(m)	72.0	67.0	65.6
克重(g)	—	404	266

一匹布纱重:经纱为 17.045kg,纬纱为 9.765kg。

下机幅缩为 4%,整理幅缩为 8%。

织造长缩为 7%,整理长缩为 2%。

整理重损为 35.5%。

筘号(英制) 33;边纱根数(根) 168;每筘穿入数(根) 5;总经根数(根) 10890。

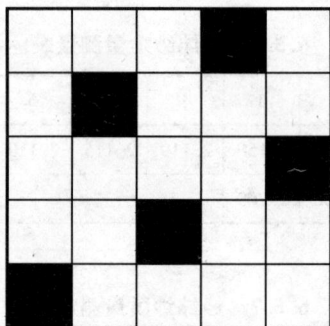

图 6.5.1 织物组织图

布匹整理参数如表 6.5.9 所示。

6.5.9 实际整理中布匹参数表

项目	幅宽(cm)	长度(m)	克重(g/m)
坯布	163.5	64.2	388
中检	—	65.0	279
成品	157.0	74	241.8

实际工艺中,布匹长度的变化、克重和幅宽与设计的相差较大,实际整理长缩达到 −15% 左右是主要原因。前期设计的是 2%,而实际整理幅缩约 4%,导致幅宽

偏宽。

5. 后整理工艺

烧毛(双面,60m/min)→单煮(80℃×10min)→维纶溶解(90℃×40min)→洗呢(毛能净30min)→开幅→单煮(80℃×20min)→烘干(超喂15%)→重检→缝头→烧毛(双面,60m/min)→湿水→烘干(超喂15%)→罐蒸→连蒸→连蒸。

6. 成品物理指标(表6.5.10)

6.5.10　成品物理指标

项目	参数	标准
密度(10cm×10cm)	684×414	—
起毛起球(级)	4	TM152
滑脱(mm)	3.0×4.0	TM117
收缩率(经×纬,%)	−1.75×0.25	C法
	−1.5×0.25	H2法
强力(经×纬,N)	400×258	TM4
起泡(级)	4~5	毛检法30min后
	4~5	毛检法24h后
耐摩擦色牢度(级)	4~5	TM165 干态
	2	TM165 湿态

主题词

细纱　纱线支数　复合纱线　嵌入式

系统定位　纤维长度　纤维强度

可纺性能　成纱质量　新型纺纱

索引

附录 1　本书中纺织材料常用单位换算及说明

本书使用的量的单位	法定计算单位			换算关系	说明
	名称	符号	中文符号		
纤维及纤维线密度	特[克斯]	tex	特	1tex=10dtex	股线线密度常用单纱特数×合股数表示，如 14tex×2
	分特[克斯]	dtex	分特		
纱线及纤维线密度 旦尼尔数	特[克斯]	tex	特	1tex=9 旦	一般可用于长丝细度的表示
	分特[克斯]	dtex	分特		
公制支数	特[克斯]	tex	特	Tt=1000/公制支数	一般毛纺及麻纺用的较多，习惯用 s 表示。股线公制支数常用单纱公制支数/合股数表示，如 200s/2
	分特[克斯]	dtex	分特		
张力 长丝张力	牛[顿]	N	牛	1N=10cN	—
	厘牛[顿]	cN	厘牛		
隔距 英丝	毫米	mm	毫米	1mm=39.37 英丝	—

附录 2　本书中不同符号代表纤维的含义

符号	含义	符号	含义
A	罗布麻	PE	聚乙烯
BJ	半精梳	R	黏胶
C	棉	Rm	苎麻
H	大麻,汉麻	S	氨纶丝,蚕丝
J	精梳	SP	氨纶
K	木棉	T	涤纶
L	亚麻	W	水溶性维纶
M	莫代尔	WOOL	羊毛
N	锦纶	—	—